DK

# TOP10 ZYPERN

JACK HUGHES



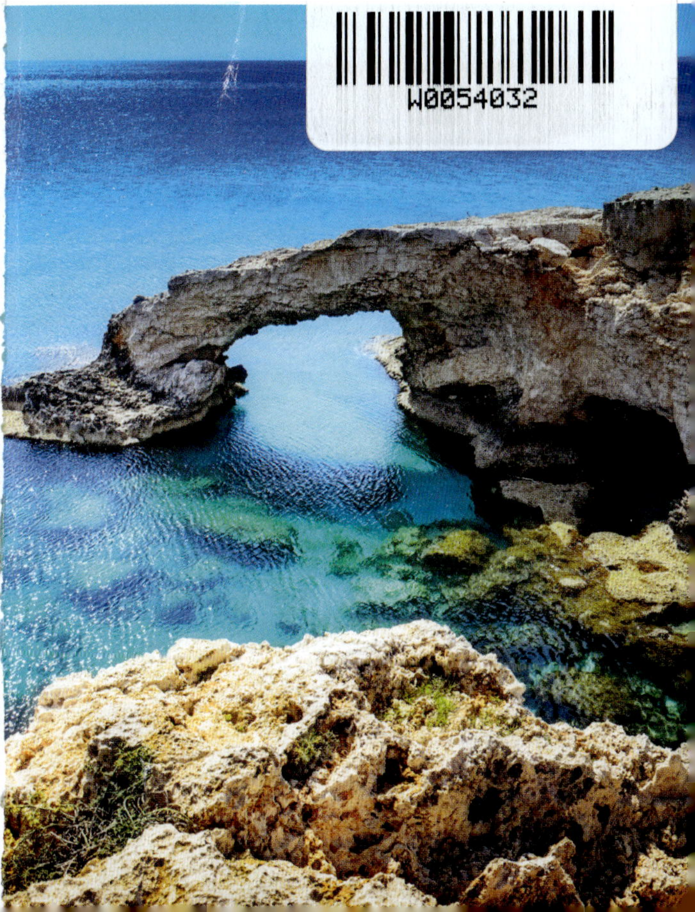

![DK Penguin Random House]

# Highlights

# Themen

# Inhalt

## Regionen

## Reise-Infos

Die Top-10-Listen in diesem Buch sind nicht nach Rängen oder Qualität geordnet. Alle zehn Einträge sind in den Augen des Herausgebers von gleicher Bedeutung.

**Umschlag Vorderseite,**
**Buchrücken & Titelseite**
Felsbogen bei Agia Napa
**Umschlag Rückseite** Straße in Agia Napa

**Die Informationen in diesem Top-10-Reiseführer werden regelmäßig aktualisiert.**

Angaben wie Telefonnummern, Öffnungszeiten, Adressen, Preise und Fahrpläne können sich jedoch ändern. Der Verlag kann für fehlerhafte oder veraltete Angaben nicht haftbar gemacht werden. Für Hinweise, Verbesserungsvorschläge und Korrekturen ist der Verlag dankbar.
Bitte richten Sie Ihr Schreiben an:
Dorling Kindersley Verlag GmbH
Redaktion Reiseführer
Arnulfstraße 124 • 80636 München
travel@dk-germany.de

# Willkommen auf
# Zypern

**Der historische Reichtum der geteilten Insel manifestiert sich in faszinierenden Relikten aus vielen Jahrtausenden. Besucher begeistern aber auch die eindrucksvolle Landschaft, die wunderschönen Strände und die Gastfreundschaft der Einwohner. Tauchen Sie mithilfe dieses Reiseführers in das Inselleben ein und gehen Sie auf Entdeckungstour.**

Besucher können überall auf der Insel auf historischen Spuren wandeln. Die antiken Stätten **Kourion**, **Kato Pafos** und **Amathous** zeugen von der Baukunst der Mykener und der Römer. Auf der Halbinsel **Akamas** sind Relikte von Steinzeitsiedlungen erhalten. Die Kirchen im **Troodos-Gebirge** zieren byzantinische Fresken.

In **Nikosia** spiegelt sich die jüngste Geschichte Zyperns: Durch die Stadt verläuft die Grenze, die den griechischen vom türkischen Teil der Insel trennt. In Süd-Nikosia locken die restaurierte Altstadt und die moderne Einkaufsstraße Lidras, in Nord-Nikosia basarähnliche Märkte und islamische Bauwerke wie die **Selimiye-Moschee**.

Auf der sonnenverwöhnten Mittelmeerinsel gibt es wunderschöne Strände. Die großen Ferienorte bieten Unterhaltung für Familien, hervorragende Wassersportmöglichkeiten, Bars, Restaurants und Cafés. **Agia Napa** ist aufgrund der äußerst beliebten Clubs für ein besonders quirliges Nachtleben bekannt.

Ob für den Kurztrip oder einen längeren Urlaub – *Top 10 Zypern* zeigt Ihnen die spannendsten Attraktionen, die die gesamte Insel zu bieten hat. Dieser Reiseführer bringt Sie zu beliebten und unbekannten Sehenswürdigkeiten und gibt Ihnen unentbehrliche Tipps an die Hand. Sieben Spaziergänge und Wanderungen helfen Ihnen, viele Attraktionen in kurzer Zeit zu sehen. Anhand der detaillierten Karten finden Sie sich auf ganz Zypern problemlos zurecht. **Viel Spaß mit diesem Reiseführer und viel Spaß auf Zypern!**

Im Uhrzeigersinn von oben: **Kap Greco nahe Agia Napa, Blick auf Nikosia, Saranda Kolones im Archäologischen Park Kato Pafos, römisches Theater in Kourion, Fresken im Kloster Agios Neophytos, die Kirche Agii Anargyri am Kap Greco, Einheimische in einem Café in Arsos**

# Zypern entdecken

Die folgenden Touren helfen Ihnen dabei, auch während eines kurzen Aufenthalts das Beste aus Ihrer Zeit auf Zypern zu machen. Sie führen zu den beeindruckendsten archäologischen

Stätten und historischen Bauwerken, den schönsten Stränden und interessantesten Ortschaften.

**Im Troodos-Gebirge** stehen faszinierende byzantinische Kirchen.

## Zwei Tage auf Zypern

### Tag ❶
**Vormittags**
Besuchen Sie am frühen Vormittag das Pierides-Museum *(siehe S. 18f)* in **Larnaka** *(siehe S. 78)*. Kehren Sie am Hafen zum Mittagessen ein. Fahren Sie dann nach **Nikosia** *(siehe S. 12f)*.

**Nachmittags**
Bummeln Sie nach der Besichtigung der historischen Sehenswürdigkeiten und des Zypern-Museums *(siehe S. 14f)* durch die Läden. Nach Überqueren der Grenze können Sie im Büyük Han *(siehe S. 13)* in Nord-Nikosia *(siehe S. 109)* Kunsthandwerksprodukte erstehen.

### Tag ❷
**Vormittags**
Sehen Sie sich die Fresken der **Troodos-Kirchen** *(siehe S. 28f & S. 103)* an. Nach einem Waldspaziergang essen Sie in **Pafos** *(siehe S. 92f)* zu Mittag.

**Nachmittags**
Besuchen Sie den **Archäologischen Park Kato Pafos** *(siehe S. 30f)* und – bei einem Halt auf der Fahrt nach **Limassol** *(siehe S. 24f)* – das **Antike Amathous** *(siehe S. 20f)*.

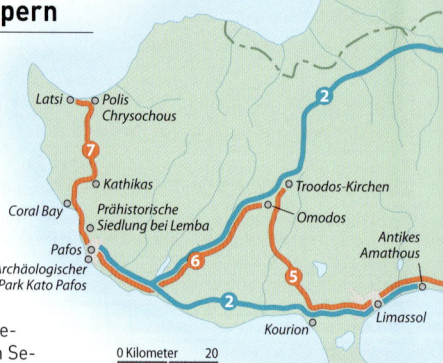

Latsi ○ Polis
Chrysochous
❼
○ Kathikas
Coral Bay ○ Prähistorische
Siedlung bei Lemba
Pafos ○
Archäologischer
Park Kato Pafos
❻
❷
Kourion ○
❷
Troodos-Kirchen ○
Omodos ○
Antikes
Amathous
❺
Limassol ○

0 Kilometer  20

## Sieben Tage auf Zypern

### Tag ❶
Verbringen Sie den Tag in **Nikosia** *(siehe S. 12f)*. Stöbern Sie in Laïki Geitonia nach Souvenirs, besuchen Sie die A. G. Leventis Gallery *(siehe S. 38)*, die Werke europäischer und moderner zyprischer Künstler präsentiert, und das Zypern-Museum *(siehe S. 14f)*. Kehren Sie nach dem Kunstgenuss zu einem Mittagessen bei Pantopoleio Kali Orexi *(siehe S. 75)* ein und bummeln Sie anschließend weiter durch die Altstadt.

**Amathous** bietet Einblick in die Antike.

**Legende**
- Zwei-Tages-Tour
- Sieben-Tages-Tour

tags im Flames *(siehe S. 84)* ein. Genießen Sie abends in einer der Bars an der Plateia Seferi *(siehe S. 16)* einen Drink, bevor Sie durch die Clubs ziehen.

## Tag ❹
Fahren Sie die Küste entlang nach **Larnaka** *(siehe S. 78)*. Nach dem Besuch des Pierides-Museums *(siehe S. 18f)* geht es weiter nach **Limassol** *(siehe S. 24f)*. Machen Sie auf dem Weg einen Abstecher zu den Ruinen des **Antiken Amathous** *(siehe S. 20f)*.

## Tag ❺
Von Limassol fahren Sie erst gen Westen zur antiken Stätte **Kourion** *(siehe S. 26f)*, dann zu den byzantinischen **Troodos-Kirchen** *(siehe S. 28f & S. 103)*. Nach einem Mittagessen in einer traditionellen Taverne geht es nach **Omodos** *(siehe S. 102)*. Besichtigen Sie das Kloster, stöbern Sie in den Läden und kosten Sie den exzellenten Wein aus der Region.

## Tag ❻
Im **Archäologischen Park Kato Pafos** *(siehe S. 30f)* können Sie mit der Besichtigung der Stätte und einem Picknick mit Meerblick leicht einige Stunden verbringen. Entspannen Sie dann am Strand oder gehen Sie zum Hafen, um eine Bootsfahrt zu unternehmen. Nach einem Bummel durch die Läden kehren Sie in dem nahe gelegenen Dorf **Kathikas** im Imogeni zum Abendessen *(siehe S. 99)* ein.

## Tag ❼
Besichtigen Sie auf der Halbinsel **Akamas** *(siehe S. 32f)* die **Prähistorische Siedlung bei Lemba** *(siehe S. 94)*. Nach einer Pause am Strand **Coral Bay** *(siehe S. 95)* geht es nach **Polis Chrysochous** *(siehe S. 94)*. Bummeln Sie durch das hübsche Dorf. Genießen Sie an dem kleinen Hafen in **Latsi** *(siehe S. 33)* in einer Taverne fangfrischen Fisch.

**Exponat im Zypern-Museum**

## Tag ❷
Überqueren Sie an der Straße Lidras die Grenze und erkunden Sie die Altstadt von Nord-Nikosia *(siehe S. 109)*. Versäumen Sie keinesfalls die Selimiye-Moschee *(siehe S. 12)* und die einstige Karawanserei Büyük Han *(siehe S. 13)*. Auf dem Markt können Sie Gewürze kaufen. Nach einem Imbiss an einem Kebab-Stand fahren Sie nach **Kyrenia** *(siehe S. 109)*. Beschließen Sie den Tag in einer Fischtaverne der hübschen Hafenstadt.

## Tag ❸
Fahren Sie zum Baden nach **Agia Napa** *(siehe S. 16f)*. Kehren Sie mit-

# Highlights

Relikte aus der Antike, Kourion

# TOP10 **Highlights**

Zypern bietet eine immense Vielfalt an Attraktionen: archäologische Stätten mit Relikten aus über 5000 Jahren, interessante Museen, lebhafte Ferienorte, Strände, Skigebiete und eine bezaubernde Landschaft, die Wälder, Weinberge und Olivenhaine prägen.

### ➊ Nikosias Altstadt

Die geteilte Stadt mit dem gut erhaltenen mittelalterlichen Festungsring lockt mit spannenden Museen, historischen Bauwerken, lebhaften Märkten und gemütlichen Cafés und Restaurants *(siehe S. 12f)*.

### ➋ Zypern-Museum, Nikosia

Das Museum präsentiert Artefakte, die in archäologischen Stätten auf ganz Zypern geborgen wurden. Die Funde reichen von der Prähistorie bis in die Zeit des Römischen Reichs *(siehe S. 14f)*.

### ➌ Agia Napa

Der lebhafte Badeort bietet traumhafte Strände, viele Wassersportmöglichkeiten sowie zahlreiche Cafés und Restaurants *(siehe S. 16f)*.

### Pierides-Museum, Larnaka ➍

Das Privatmuseum mit Exponaten von der Steinzeit bis ins Mittelalter wurde im 19. Jahrhundert gegründet, um Zyperns kulturelles Erbe zu bewahren *(siehe S. 18f)*.

### 5 Antikes Amathous

Die imposanten Relikte der auf einem Hügel gelegenen Stätte vermitteln Besuchern einen Eindruck von der einstigen Größe und Pracht der antiken Stadt Amathous *(siehe S. 20f)*.

### 6 Historisches Limassol

Die bezaubernde Altstadt erstreckt sich rund um die Burg von Limassol. Die Gassen säumen Imbissstände und Werkstätten. Moscheen und Minarette zeugen von der multikulturellen Geschichte Zyperns *(siehe S. 24f)*.

### 7 Kourion

In dem rekonstruierten Theater der antiken Stätte werden im Sommer Konzerte und Bühnenstücke aufgeführt *(siehe S. 26f)*.

Rizokarpaso
Gialousa
*Karpasia*
Davlos    Galateia
Agios
Theodoros
*Gebirge*    Trikomo/
Iskele    Bogazi
Lefkoniko
Kythrea    Peristerona    *Bucht von
Famagusta*
Askela    Prastio    Salamis
Tymvou    Famagusta
(Gazimağusa/
Ammochostos)
Arsos    Deryneia
Troulloi    Avgorou    Protaras
Kelia    Agia Napa
4 Larnaka    *Kap Pyla*    *Kap Greco*

0 km    20

### 8 Fresken der Troodos-Kirchen

Die abgeschieden im Troodos-Gebirge gelegenen steinernen Kirchen sind mit einzigartigen byzantinischen Fresken verziert, die Szenen aus dem Alten und dem Neuen Testament zeigen *(siehe S. 28f)*.

### 9 Archäologischer Park Kato Pafos

Die Böden der Villen aus der Blütezeit des Römischen Reichs zieren herrliche Mosaiken. Die zum Welterbe der UNESCO zählende Stätte ist eine der berühmtesten Sehenswürdigkeiten Zyperns *(siehe S. 30f)*.

### 10 Akamas

Die zum Nationalpark erklärte Halbinsel bezaubert mit unberührter Natur. Die einzigen wenig besuchten Strände Zyperns dienen Meeresschildkröten als Nistplätze *(siehe S. 32f)*.

# 🏆**TOP 10** ⭐ Nikosias Altstadt

Das lebendige, moderne Nikosia erstreckt sich um einen mittelalterlichen Kern, der von einem imposanten Festungsring umgeben ist. Die malerische Altstadt birgt viele Läden, Bars und Restaurants. Museen und restaurierte Bauwerke wie das Erzbischöfliche Palais zeugen von der glorreichen byzantinischen Vergangenheit der geteilten Stadt, deren Trennungslinie zwischen dem griechischen Süden und dem türkischen Norden vom Pafos-Tor zur Flatro-Bastion (Sibelli-Bastion) verläuft.

**1 Mittelalterliche Festung**
Fünf der elf Bastionen *(oben)*, die die Wälle verstärken, befinden sich im südlichen Teil der Stadt.

**2 Pafos-Tor**
Das Tor ist nur zehn Meter von der türkischen Zone entfernt. Die angrenzende Kirche steht direkt auf der Grenze. Ihre Hintertür in der Nordzone ist verschlossen.

**3 Selimiye-Moschee**
Das als Sophienkathedrale erbaute Gotteshaus (13. Jh.) wurde im 16. Jahrhundert zur Moschee umgewandelt *(unten)*. Es ist auch vom Süden der Stadt aus zu sehen.

**4 Ledra-Museum & Observatorium**
Die Aussicht vom Observatorium des kleinen Museums im 11. Stock des Shacolas Tower ist herrlich *(oben)*.

**5 Archangelos Michael Trypiotis**
Die 1695 von Erzbischof Germanos II. erbaute Kirche ist ein schönes Beispiel frankobyzantinischer Architektur.

**Geschichte der Stadt Nikosia**

Die erste Siedlung entstand im 3. Jahrhundert v. Chr. Später prägten die Römer, Byzantiner und Kreuzritter die Stadt. Unter dem Haus Lusignan wurde Nikosia Hauptstadt des Königreichs Zypern *(siehe S. 36)* und eine der reichsten Städte des Christentums. Nach der Eroberung durch die Osmanen (1570) verlor Nikosia an Bedeutung. 1974 wurde die Stadt geteilt.

**6 Herrenhaus des Hadjigeorgakis Kornesios**

Das restaurierte Wohnhaus des Vermittlers zwischen Griechen und Türken *(dragoman)* zeigt den Stil des 18. Jahrhunderts *(oben)*.

**9 Büyük Han**

In der ehemaligen Karawanserei (ummauerte Herberge) herrscht eine bezaubernde Atmosphäre. Kunsthandwerksläden umringen den Innenhof.

**10 Erzbischöfliches Palais**

Das Palais wurde 1960 im byzantinischen Stil des Vorgängerbaus errichtet. Es beherbergt das Byzantinische Museum der Stadt.

**7 Famagusta-Tor**

In dem restaurierten Tor aus dem 16. Jahrhundert ist das Städtische Kulturzentrum untergebracht, das interessante Wechselaustellungen präsentiert.

**8 Laïki Geitonia**

Die Fußgängerzone *(rechts)*, in der sich neben Kunsthandwerksläden viele Cafés befinden, lädt während einer Erkundungstour durch die Altstadt zur gemütlichen Rast ein.

---

**Infobox**

**Information:** Karte P3 ▪ Aristokyprou 11, Laïki Geitonia ▪ +357 22 674 264 ▪ Mo – Fr 8.30 – 16 Uhr, Sa 8.30 – 14.30 Uhr

**Ledra-Museum & Observatorium:** Karte P2 ▪ Shacolas Tower ▪ +357 22 674 139 ▪ Jan – März, Nov & Dez: tägl. 10 – 17 Uhr (So ab 11 Uhr); Apr & Okt:

tägl. 10 – 18 Uhr (So ab 11 Uhr); Mai – Sep: tägl. 10 – 19 Uhr (So ab 11 Uhr) ▪ Eintritt: 2,50 € (Kinder unter 12 Jahren frei)

**Archangelos Michael Trypiotis:** Karte P3 ▪ Solonos 47 – 49 ▪ tägl. 9 – 17 Uhr

**Herrenhaus des Hadjigeorgakis Kornesios:** Karte Q3 ▪ +357 22 305 316 ▪ Patriarchou Grigoriou 20 ▪ Di – Fr

8.30 – 15.30 Uhr, Sa 9.30 – 16.30 Uhr ▪ Eintritt: 2,50 €

**Selimiye-Moschee:** Karte P2

**Erzbischöfliches Palais:** Karte Q2

▪ Die Altstadt von Nikosia kann man gut zu Fuß erkunden. Wer mit dem Auto anreist, nutzt am besten den Parkplatz an der Bastion Tripoli (südl. des Pafos-Tors).

# TOP10 ⭐ Zypern-Museum, Nikosia

Die in dem exzellenten Museum präsentierten Artefakte reichen von der Stein- und Bronzezeit bis zum Ende des Römischen Reichs. Sie dokumentieren das einzigartige kulturelle Erbe der Insel. Dank der kompakten Größe der Austellungsräume und des geringen Besucherandrangs kann man sich in dem Gebäude aus dem 19. Jahrhundert in Ruhe mit der Antike beschäftigen. Besonders sehenswert sind die Terrakottafiguren von Soldaten und Wagenlenkern – einige winzig wie Zinnsoldaten, andere lebensgroß.

### 1 Neolithische Artefakte
Nahe dem Museumseingang sind jungsteinzeitliche Pfeilspitzen und Werkzeuge aus Feuerstein ausgestellt. Auch aus Pikrolith gefertigte Figurinen aus der Kupfersteinzeit gehören zur Sammlung.

### 2 Terrakottafiguren
Die aus dem 7. und 6. Jahrhundert v. Chr. datierenden Votivfiguren *(oben)* stammen aus dem Heiligtum Agia Irini in Nordzypern. An der Stätte wurden über 2000 Statuetten entdeckt.

### 3 Mykenische Bronzen & Keramiken
Die Abteilung birgt Weinschalen und Keramiken mykenischer Siedler. Highlight ist ein in Enkomi gefundenes Gefäß mit goldenen Einlegearbeiten.

### 4 Statue des Zeus
Die Marmorstatue des Blitze schleudernden Zeus *(links)* dominiert Saal 5. Zudem sind klassische Skulpturen, darunter eine Statue der Aphrodite, und drei Löwenfiguren aus der Nekropole von Tamassos zu sehen.

### 5 Königsgräber
In Saal 11 werden Funde aus den Königsgräbern von Salamis gezeigt. Einen der beiden ausgestellten Throne zierten aus Elfenbein geschnitzte mythologische Figuren *(oben)*.

❷
❸
❹
❾
❿
❻
❼
❺
❽
❶

### ❻ Leda mit dem Schwan

Das im Tempel der Aphrodite in Palea Pafos entdeckte Mosaik (1. Jh. v. Chr.) aus roten, ockerfarbenen, weißen und schwarzen *tesserae* zeigt ein bekanntes Motiv der griechischen Mythologie.

### ❼ Bronzezeitliches Mobiliar

Zu den in Saal 11 präsentierten Funden aus den Königsgräbern von Salamis zählen ein mit Marmorintarsien geschmückter Thron und ein Bett aus der Bronzezeit.

### ❽ Gruben- & Kammergräber

In dem Saal wurden steinzeitliche Gräber, die an verschiedenen Orten der Insel entdeckt wurden, rekonstruiert.

### ❿ Funde aus Enkomi

Zu den beeindruckendsten Funden aus der bronzezeitlichen Ausgrabungsstätte zählen die rätselhafte Figur des »Gehörnten Gottes« *(links)* und eine herrliche, mit Tierfiguren verzierte Schale.

### Infobox

Karte N2

▪ Mouseiou 1
▪ +357 22 865 854
▪ www.mcw.gov.cy

▪ Di–Fr 8–18 Uhr (1. Mi im Monat bis 20 Uhr), Sa 9–17 Uhr, So 10–13 Uhr

▪ Eintritt: 4,50 €

▪ &

....................................................

▪ Nach dem Besuch des Zypern-Museums locken im gegenüberliegenden Stadtpark kühle Getränke im Gartencafé.

▪ Sonntagmorgens findet gegenüber dem Museum ein lebhafter Markt statt, der von Zuwanderern von den Philippinen und aus Sri Lanka betrieben wird.

### ❾ Statue des Septimius Severus

Die Bronzefigur des römischen Kaisers *(rechts)*, der von 193 bis 211 regierte, zählt zu den schönsten antiken römischen Kunstwerken weltweit.

# TOP 10 ⭐ Agia Napa

Da Agia Napa die schönsten Strände Zyperns und das quirligste Nachtleben im östlichen Mittelmeerraum bietet, lockt es viele junge Urlauber an, die oft für reichlich Trubel sorgen. In dem Badeort, der tagsüber noch entfernt den Charme eines typischen zypriotischen Fischerdorfs verströmt, finden jedoch auch Familien Erholung. An den langen Stränden in der Umgebung lässt sich stets ein ruhiges Plätzchen finden.

### 1 Plateia Seferi
Der Platz bildet das Zentrum des Orts. In den schicken Bars und Cafés, die die Plateia Seferi säumen, verbringen viele Urlauber gern lange Abende.

Traditionelle Fischerboote im Hafen von Agia Napa

### 2 Kloster der Agia Napa
Das mittelalterliche Kloster ist von massiven Schutzmauern umringt. Ein Tor führt in den von einem Kreuzgang umgebenen Hof *(oben)*, in dem ein 600 Jahre alter Ahorn und – in der Mitte – ein achteckiger Brunnen stehen.

### 3 Limanaki
Im Hafen von Agia Napa legen Fischerboote, Yachten und große Ausflugsschiffe an. Das zwischen zwei langen Sandstränden an einer Landspitze gelegene Areal ist eine friedliche Enklave, die Einblick in das ursprüngliche Dorfleben bietet.

### 4 WaterWorld
Der preisgekrönte Vergnügungspark bietet mit Schwimmbecken, Wasserrutschen und Achterbahnen Spaß für alle Altersgruppen. Zur Anlage gehören auch ein Babybecken, vier Restaurants, eine Bar und ein Souvenirladen *(siehe S. 59)*.

### 5 Nissi Beach
Der rund zwei Kilometer westlich von Agia Napa gelegene Sandstrand *(oben)* zählt in der Hochsaison zu den meistbesuchten Stränden Zyperns.

### Wundersame Ikone

Im 16. Jahrhundert wurde ein Jäger von seinem Hund zu einer Quelle im Wald geführt. Dort fand er eine Ikone der Muttergottes, die 700 Jahre verschollen gewesen war. An der angeblich heilkräftigen Quelle wurde das Kloster der Agia Napa erbaut. Die venezianischen Mönche flohen, als Zypern an die Türken fiel, die Kirche nutzten die Dorfbewohner weiterhin.

### ⑩ Makronissos Beach

Der westlich von Nissi Beach gelegene, auch Golden Sands genannte Strand ist einen Kilometer lang und bietet viele Wassersportmöglichkeiten. Ein Fuß- und Fahrradweg verbindet die beiden Strände.

### Infobox

Karte J4

**Kloster der Agia Napa:** Plateia Seferi ▪ +357 23 722 584 ▪ tägl. 9 – 21 Uhr (Winter: bis 15 Uhr)

**WaterWorld:** Agia Thekla 18 ▪ +357 23 724 444 ▪ www.waterworldwaterpark.com ▪ variierende Öffnungszeiten ▪ Eintritt: 40 €, Kinder (3 – 12 Jahre) 25 €

**Makronissos-Gräber:** nahe Makronissos Beach ▪ +357 23 816 300 ▪ tägl. 9 – 17 Uhr

**Skulpturenpark:** Kryou Nerou ▪ +357 23 816 300 ▪ tägl. Sonnenaufgang – Sonnenuntergang

▪ Am besten erkundet man die Strände um Agia Napa mit einem Motorroller, Motorrad oder Fahrrad, die man vor Ort in den Reisebüros und Hotels mieten kann. Man sollte dabei grundlegende Sicherheitsvorschriften beachten und auf jeden Fall einen Helm tragen.

### ⑥ Makronissos-Gräber

Die in unmittelbarer Nähe von Makronissos Beach gelegenen Grabkammern wurden in der Zeit der römischen Besatzung in den Fels geschlagen.

### ⑦ Kap Greco

Das Kap *(unten)* bildet Zyperns Südostspitze. Zwar trüben Antennen die Aussicht, doch in dem klaren Wasser an der Landspitze kann man wunderbar schnorcheln.

### ⑧ Skulpturenpark

Der etwa 1,5 Kilometer außerhalb des Zentrums von Agia Napa gelegene Park bietet tollen Meerblick. Die Skulpturen schufen über 50 Künstler aus aller Welt.

### ⑨ Potamos tou Liopetriou

An dem ca. drei Kilometer westlich von Makronissos Beach gelegenen Fischerhafen *(siehe S. 80)* steht ein mittelalterlicher Wachturm. In der Nähe liegt ein Strand.

# TOP 10 ★ Pierides-Museum, Larnaka

Das älteste Privatmuseum Zyperns wird noch immer von der Familie Pierides geführt, die es im 19. Jahrhundert gründete. Die Exponate reichen von der Prähistorie über die Zeit des Römischen und des Byzantinischen Reichs bis zum Mittelalter. In einer eigenen Abteilung werden zyprisches Kunsthandwerk und Trachten präsentiert. Das Museum verfügt über sechs Ausstellungsräume, weitere Exponate sind in der Eingangshalle und in den Korridoren ausgestellt.

### 1 Figur aus Souskiou
Die 5000 Jahre alte Terrakottafigur *(oben)* ist das bislang größte und faszinierendste geborgene Relikt aus der Kupferzeit – der Epoche, in der Zypern erstmals besiedelt wurde. Die Figur ist ein Spendegefäß (Rhyton): Durch den Mund eingefüllte Flüssigkeit fließt durch den Penis ab (Saal 1, Vitrine 1).

### Attische Keramiken 2
Theseus und andere Figuren der Mythologie zieren die vom griechischen Festland stammenden Vasen *(rechts)* und anderen Gefäße. Die Fundstücke beweisen, dass in der Antike Handelsbeziehungen zwischen Zypern und der hellenischen Welt bestanden (Saal 2).

### 3 Terrakotta-figuren
Die in dieser Abteilung präsentierten Figuren stellen Schauspieler dar, die Komödien der griechischen Dramatiker des 4. und 5. Jahrhunderts v. Chr. aufführen (Saal 2, Vitrine 3).

**Infobox**
Karte M5
■ Zenonos Kitieos 4
■ +357 24 145 375
■ www.pieridesfoundation.com.cy
■ Mo–Do 9–16 Uhr, Fr & Sa 9–13 Uhr
■ Eintritt: 3 €, Studenten 1 €

■ Wer sich nach dem Museumsbesuch erfrischen möchte, spaziert am besten über die Zenonos Kitieos nach Osten zur Athinon. Die Straße säumen zahlreiche Restaurants, Bars und Cafés, in denen man mit Blick auf den Hafen entspannen kann.

### 4 Römische Sammlung

Etwa 400 bunt schillernde gläserne Gefäße (oben) aus römischer Zeit schmücken die Wände und Vitrinen in Saal 4.

### 5 Köpfe aus Pomos

Die in Pomos an der Nordwestküste Zyperns gefundenen kleinen Köpfe (rechts) und Figuren aus Kalkstein und Terrakotta stammen aus griechischer und römischer Zeit. Unter den Plastiken findet sich eine Büste des jungen römischen Kaisers Nero (Saal 2).

### 6 Archaische Keramiken

Zu den Funden aus Margi und Kotsiatis bei Nikosia zählen Vasen und andere rot- und schwarzfigurige Keramiken aus der frühen Bronzezeit (2500–1900 v. Chr.), darunter eine Figur der Fruchtbarkeitsgöttin Astarte (links). Ein Terrakottaidol zeigt ein Kind in einer Wiege (Saal 1, Vitrinen 2–4).

### 7 Idole aus der Kupfersteinzeit

Die Sammlung an aus Pikrolith gefertigten, kreuzförmigen Idolen vermittelt Besuchern einen Eindruck vom Leben in der Kupfersteinzeit. Die religiöse Funktion dieser Objekte ist allerdings bis heute nicht bekannt.

### 8 Byzantinische & mittelalterliche Keramiken

Neben braun und grün glasierten Keramiken mit Sgraffito-Technik (rechts), die Darstellungen von Tieren, Kriegern, Liebespaaren und mythischen Wesen zieren, sind in der Sammlung byzantinische Ikonen zu bewundern (Saal 3).

### Dimitrios Pierides

Wie Ägypten, Griechenland und andere Länder mit reichem kulturellem Erbe zog auch Zypern im frühen 19. Jahrhundert Kunstsammler magisch an – aber auch Grabräuber, die die geplünderten Schätze gewinnbringend an ausländische Museen verkauften.

Der Kaufmann und Bankier Dimitrios Pierides (1811–1895) legte ab 1839 eine private Sammlung an, um Zyperns antike Kulturschätze zu bewahren und auf der Insel zu behalten. Seine Nachfahren führten sein Werk fort. Die Sammlung der Familie Pierides umfasst heute etwa 2500 Objekte.

### 9 Sammlung Mittelalter

Im Hauptkorridor des Museums sind faszinierende Tafeln und Karten, Wappen der Kreuzritter, osmanische Dolche und Krummsäbel ausgestellt.

### 10 Volkskunst

In der Abteilung sind traditionelle Stickereien, Spitzen, Silber- und Bernsteinarbeiten, Werkzeuge und andere Utensilien sowie antikes Mobiliar zu sehen.

# TOP 10 ⭐ Antikes Amathous

Die nahe Limassol gelegene Stätte weist imposante Relikte von antiken Bädern, Stadtmauern und byzantinischen Kirchen auf. Das über 3000 Jahre alte Amathous wurde im 19. Jahrhundert wiederentdeckt, bis heute bergen Archäologen Funde. Da der Hafen der Stadt vor einigen Jahrhunderten verlandete, liegt das antike Amathous nun ein Stück vom Meer entfernt. Die Stätte wird das ganze Jahr über nachts beleuchtet.

**①  Hafenkirche**
Linker Hand des Eingangs zu der antiken Stätte befinden sich die Grundmauern einer frühchristlichen Basilika *(unten)* aus dem 5. Jahrhundert v. Chr.

**②  Aquädukt**
Der Aquädukt und ein ausgeklügeltes System von Wasserleitungen, Sammelbecken und Schleusen versorgten die gesamte Stadt mit frischem Wasser. Die faszinierenden Relikte sind an der Nordwestecke der Agora zu sehen.

**③  Gymnasium**
Von dem hellenistischen Gymnasium, in dem die Athleten der Stadt trainierten und Wettkämpfe abhielten, zeugen einige Säulen, die sich direkt am Eingang zur Stätte befinden.

**④  Agia Varvara**
Die mit Fresken von Heiligen und Märtyrern verzierten Wände der Kapelle wurden im Lauf der Jahrhunderte vom Rauch der Votivkerzen geschwärzt.

**⑤  Agora**
Die von Kalksteinplatten bedeckte Agora *(links)* war der zentrale Versammlungsplatz von Amathous. Die Größe des Areals zeugt von der Bedeutung, die die Stadt in ihrer Blütezeit besaß. Einige der Säulen, die den Platz einst säumten, wurden wieder aufgestellt.

### 6 Hellenistische Häuser
Mauern und Fundamente hellenistischer Häuser und Läden *(links)* säumen eine steile Treppe, an der noch heute Ausgrabungen interessante Funde ans Licht bringen.

### 7 Römische Bäder
Zwischen der Agora und dem alten Hafen bildeten geometrisch angeordnete schwarz-weiße Steinmosaiken den Boden der römischen Bäder.

### 8 Akropolis
Teile der Befestigungsmauern, die zum Schutz des kleinen Hügels im Zentrum der Stadt errichtet wurden *(unten)*, sind verblieben. Außerdem sind Relikte einer byzantinischen Basilika und eines der Aphrodite geweihten Tempels zu sehen.

**Relikte des Tempels der Aphrodite**

### Infobox
Karte E6 ■ Küstenstraße, 12 km östl. von Limassol
■ +357 25 635 226
■ tägl. 8.15 – 19.45 Uhr (Mitte Sep – Mitte Apr: bis 17.15 Uhr)
■ Eintritt: 2,50 €
■ 🚻 (teilw.)

■ Nach der Besichtigung von Amathous lockt die an einem Kiesstrand gelegene Taverne Agios Georgios Alamanou (+357 25 633 634; www.agiosgeorgiosalamanou.com; Winter geschl.) mit leckerem Seafood.

### 9 Nekropole
Die römische Nekropole liegt gegenüber der Hauptstätte am Ufer des Bachs Amathous. Einige der in den Fels gehauenen Gräber wurden in byzantinischer Zeit erneut genutzt.

### 10 Mittelalterliche Mosaiken
Bei der Kapelle der Agia Varvara liegen die Bodenmosaiken eines mittelalterlichen Klosters. Die Kapelle wird noch immer von griechisch-orthodoxen Gläubigen besucht.

### Geschichte von Amathous
Die Hafenstadt wurde vermutlich nach dem Fürsten Amathous oder nach Amathousa, der Mutter eines Königs von Pafos, benannt. Die Stadt florierte vom 10. Jahrhundert v. Chr. bis zum 7. Jahrhundert n. Chr., verlor jedoch nach Überfällen sarazenischer Korsaren an Bedeutung. 1191 leitete die Eroberung durch den englischen König Richard Löwenherz den Untergang von Amathous ein.

**Folgende Doppelseite** Blick auf die Selimiye-Moschee, Nikosia

# TOP 10 ⭐ Historisches Limassol

Limassol ist Zyperns zweitgrößte Stadt. Die verschiedenen Architekturstile im historischen Zentrum spiegeln die Geschichte Zyperns wider – von der Epoche der Kreuzfahrer über die Zeit der venezianischen und osmanischen Herrschaft bis in die Moderne hinein. Auch die Museen bieten faszinierende Einblicke in die Geschichte der Insel. Rund um den historischen Kern präsentiert sich Limassol als typisch zypriotische Stadt. Die Altstadt erkundet man am besten zu Fuß, viele ruhige Orte wie der Stadtpark bieten Entspannung.

### 1 Yachthafen
Der ehemalige Fischerhafen wurde durch eine Investition von rund 300 Millionen Euro in einen luxuriösen Yachthafen *(unten)* verwandelt, den Gourmetrestaurants säumen. Rund um den Hafen erstreckt sich ein elegantes Wohngebiet.

### 2 Mittelaltermuseum
Das Museum *(links)* in der Burg von Limassol zeigt Rüstungen aus der Zeit der Herrschaft des Hauses Lusignan sowie byzantinische Silberwaren, Ikonen und Keramiken *(siehe S. 39)*.

### 3 Burg von Limassol
Die kleine Burg *(unten)* wurde von den Königen aus dem Haus Lusignan auf byzantinischen Fundamenten errichtet. Später bauten die Venezianer, Osmanen und Briten die Befestigungsanlage aus.

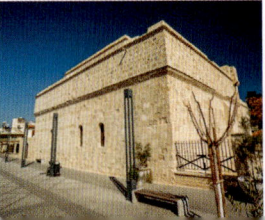

## 4 Cami Kabir

Limassols größte Moschee besitzt ein elegantes Minarett *(oben)*. Die Moschee wird von den wenigen türkischen Einwohnern der Stadt genutzt.

## 7 Städtisches Volkskunstmuseum

Das Museum befindet sich in einer einstigen Kaufmannsvilla. Es zeigt landwirtschaftliche und Haushaltsgeräte, Trachten und Silberschmuck.

## 8 Archäologisches Museum

Das Museum zeigt Tongefäße aus der Bronzezeit, römische Glaswaren, Goldarbeiten und Schmuck aus der klassischen Periode des antiken Griechenland, Terrakottafiguren, Votivgaben und weitere Artefakte.

### Richard & Berengaria

Als Prinzessin Berengaria von Navarra zu ihrem Verlobten, Englands König Richard Löwenherz, nach Palästina reiste, geriet ihr Schiff in einen Sturm. Sie suchte in Limassol Schutz. Der byzantinische Herrscher Isaak Komnenos verweigerte der Prinzessin Nahrung und Wasser. Richard Löwenherz rächte sich bitter: Er landete mit seiner Armee in der Stadt, heiratete Berengaria, besiegte Isaak Komnenos und erhob selbst Anspruch auf Zypern.

## 9 Kirche der Agia Napa

Die mit einer Kuppel und Zwillingstürmen versehene Kirche *(rechts)* befindet sich am Rand der Altstadt von Limassol. Sie ist ein wunderschönes Beispiel für orthodoxe Sakralarchitektur.

## 5 Johannisbrot-Mühle

Die Gebäude der ehemaligen Johannisbrot-Mühle wurden in einen hübschen Komplex mit Cafés und Restaurants, einem Ausstellungsbereich und einer kleinen Brauerei verwandelt. Überall sind noch alte Maschinen zu sehen.

## 6 Marktstraßen

Der älteste Teil der Stadt wird schrittweise saniert. An einigen Straßen verkaufen Stände Obst, Gemüse und frischen Fisch. An weiteren Marktständen ist traditionelles Kunsthandwerk erhältlich.

## 10 Stadtpark

In dem Park mit hübschen Beeten, Bäumen und Brunnen *(links)* findet jeden September das Weinfest von Limassol statt. Eine weitere Attraktion in dem Areal am Stadtrand ist der Limassol Zoo *(siehe S. 59)*.

### Infobox
Karte D6

**Information:** Plateia Syntagmatos ▪ +357 25 362 756 ▪ Mo–Sa 8–17 Uhr (Mi bis 14.30 Uhr, Sa bis 13.30 Uhr)

**Burg von Limassol & Mittelaltermuseum:** nahe Irinis ▪ +357 25 305 419 ▪ Mo–Sa 9–17 Uhr, So 10–13 Uhr ▪ Eintritt: 4,50 €

**Archäologisches Museum:** Anastasi Sioukri & Vyronos ▪ +357 25 305 157 ▪ Mo–Fr 8–16 Uhr ▪ Eintritt: 2,50 €

**Städtisches Volkskunstmuseum:** Agiou Andreou 253 ▪ +357 25 362 303 ▪ Mo–Fr 7.45–14.45 Uhr ▪ Eintritt: 2 €

**Cami Kabir:** tägl. 9–16 Uhr (zu Gebetszeiten geschl.)

▪ Von der Dachterrasse der Burg von Limassol eröffnet sich eine herrliche Aussicht auf die Stadt.

# TOP 10 ⭐ Kourion

Unter den antiken Stätten Zyperns besitzt Kourion eine besonders beeindruckende Lage: Die Relikte ragen auf einer Anhöhe direkt am Mittelmeer empor. Die anfänglich von Mykenern besiedelte Stadt erlebte unter den Römern ihre Blütezeit. Davon zeugen Bauten wie das Stadion und das Theater. In hellenistischer Zeit huldigte man in Kourion, wie vielerorts auf Zypern, den Göttern Aphrodite und Apollon. Die Ruinen vermitteln einen Eindruck von der Pracht der Stadt im Osten des Römischen Reichs, die im Jahr 365 durch ein Erdbeben zerstört wurde.

### 1 Römisches Theater

In dem restaurierten Theater (links) mit Meerblick finden im Sommer Veranstaltungen wie Konzerte mit griechischer Musik und Aufführungen von Shakespeare-Stücken statt.

### 2 Römische Bäder

Die Böden der Bäder und das benachbarte Haus des Eustolios zieren eindrucksvolle Mosaiken aus christlicher Zeit mit Darstellungen von Fischen, Vögeln und Blumen. Auch die ausgeklügelte Fußbodenheizung (Hypokaustum) ist noch zu sehen.

### 3 Römische Agora & Nymphaeum

Von dem römischen Marktplatz (unten) sind die eleganten Säulen (2. Jh.) verblieben. Vom Nymphaeum, dem großen öffentlichen Brunnen, sind ebenfalls Relikte vorhanden.

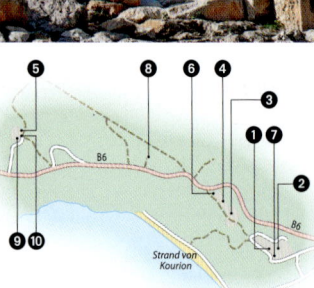

### 4 Haus der Gladiatoren

Die römische Villa wurde nach den Mosaiken benannt, die bewaffnete Gladiatoren zeigen *(unten)*.

### Griechische Götter

Neben Aphrodite, die gemäß der griechischen Mythologie bei Zypern dem Meer entstieg, wurde auf der Insel vor allem der Sonnengott Apollon verehrt. In Kourion wurde der Stadtgott Hylates Apollon gleichgesetzt. Der Kult des Apollon Hylates bestand ab dem 3. Jahrhundert v. Chr. Nach Ankunft des Christentums wurden viele Apollon-Tempel als Kirchen genutzt.

### 5 Schatzkammer des Apollon

In der Kammer opferten Priester ihre Weihegaben dem Gott Apollon. Daneben stehen die Relikte eines Altars aus dem 8. Jahrhundert v. Chr.

### 6 Haus des Achill

Die Villa neben dem Haus der Gladiatoren zierte ein wunderbares Bodenmosaik. Es zeigte die Helden von Homers Epos über den Trojanischen Krieg, Odysseus und Achill, sowie Ganymeds Entführung durch Zeus.

### 7 Haus des Eustolios

Der Mosaikboden der Villa eines wohlhabenden Christen aus dem 4. Jahrhundert v. Chr. zeigt Vögel, Fische und eine Figur aus dem Gründungsmythos der Stadt *(ktisis)*, die ein Lineal in den Händen hält.

### 8 Römisches Stadion

Das am Hang gelegene Stadion wurde 1939 von Archäologen entdeckt. Die 6000 Zuschauer fassende Anlage verfiel, nachdem die Stadt im 5. Jahrhundert aufgegeben worden war.

### 9 Heiligtum des Apollon Hylates

Die dem Sonnengott geweihten Tempel und Altäre *(Mitte & unten)* liegen im Westen von Kourion. Teile der Mauern und Säulen wurden wieder aufgestellt *(siehe S. 91)*.

### 10 Rundmonument

Rituelle Tänze und Prozessionen fanden vermutlich rund um die in sieben Vertiefungen gepflanzten, von einem kreisrunden Mosaik umgebenen heiligen Bäume statt. Das auf Zypern einzigartige Monument gleicht aus anderen Regionen bekannten Anlagen.

### Infobox

Karte C6

■ 19 km westl. von Limassol
■ +357 25 934 250

■ tägl. 8.30 – 19.30 Uhr (Mitte Sep – Mitte Apr: bis 17 Uhr)
■ Eintritt: 4,50 €

■ ♿ (teilw.)

■ In dem drei Kilometer von Kourion entfernten Dorf Episkopi befindet sich das Archäologische Museum von Kourion (Mo – Fr 8 – 15.30 Uhr; Eintritt: 2,50 €). Es präsentiert Funde aus der archäologischen Stätte sowie Opfergaben aus dem nahe gelegenen Heiligtum des Apollon Hylates. In Episkopi locken außerdem mehrere Restaurants, in denen man sich stärken kann.

■ Es empfiehlt sich, Kourion am frühen Morgen zu besichtigen, bevor die zahlreichen Ausflugsgruppen eintreffen.

# TOP 10 ★ Fresken der Troodos-Kirchen

Die abgeschieden im Troodos-Gebirge gelegenen, unscheinbaren Steinbauten mit moosbewachsenen Mauern bergen Kleinode byzantinischer Sakralkunst, darunter einige der schönsten frühchristlichen Fresken weltweit. Seit der Ernennung der Stätte zum UNESCO-Welterbe in den 1980er Jahren wurden viele Fresken restauriert.

## 1 Panagia tou Moutoulla

Die Marienkapelle (1280; *unten*), eine der ältesten Troodos-Kirchen, zieren seltene, nicht restaurierte Fresken des hl. Georg und des hl. Christophorus (beide in byzantinischen Rüstungen) sowie der Jungfrau Maria mit dem Kind.

## 2 Agios Ioannis Lampadistis

Die Freskenzyklen in den drei Kirchen des Klosters datieren aus dem 13. bis 15. Jahrhundert.

## Agios Nikolaos tis Stegis 3

Die ehemalige Klosterkapelle zählt zu den ältesten dem hl. Nikolaus geweihten Kirchen auf Zypern. Sie besitzt wunderschöne Fresken aus dem 11. bis 15. Jahrhundert *(rechts)*.

## 4 Metamorfosis tou Sotiros

Die Anfang des 16. Jahrhunderts errichtete Kapelle ist mit außergewöhnlichen Fresken versehen, die Szenen aus dem Leben Jesu zeigen.

## 5 Archangelos Michael

Die Fresken in der 1474 erbauten Dorfkirche *(links)* wurden in den Jahren 1980 und 2008 sorgfältig restauriert. Die Malereien stellen Szenen aus dem Alten und dem Neuen Testament dar.

### ⑥ Panagia tis Podithou
Die von Feldern und Wäldern umgebene kleine Kirche aus dem 16. Jahrhundert ist mit Darstellungen der Jungfrau Maria und der Kreuzigung Jesu versehen.

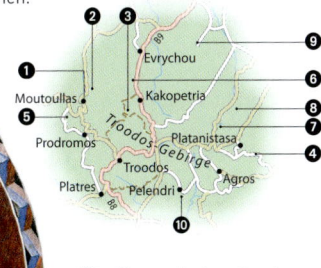

### ⑦ Panagia tou Araka
Das wunderbar erhaltene Fresko des *Christus Pantokrator* (1192; *links*) in der Kuppel umgeben Darstellungen der zwölf Propheten des Alten Testaments. Fresken in der Apsis zeigen die Verkündigung und die Darstellung des Herrn (Mariä Lichtmess).

### ⑧ Stavros tou Agiasmati
Die Kirche (15. Jh.) birgt restaurierte Fresken von Philippos Goul *(rechts)*. Die Deckenmalereien zeigen Szenen aus dem Neuen Testament wie das Letzte Abendmahl, die Verleugnung des Petrus und die leibliche Aufnahme Mariens in den Himmel.

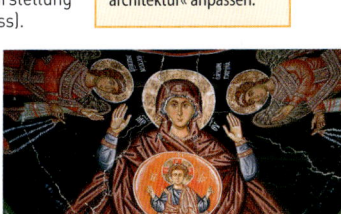

### ⑨ Panagia Asinou
Die Marienkirche *(oben)* steht abgelegen auf einem bewaldeten Hügel. Im Schiff (12. Jh.) prangen Fresken aus dem 12. bis frühen 16. Jahrhundert.

### ⑩ Timios Stavros
Die Heilig-Kreuz-Kirche (14. Jh.) birgt eine einzigartige Ikone von Christus, Maria und Johannes dem Täufer. Die Fresken zeigen byzantinische und venezianische Einflüsse.

**Infobox**
Karte C4 ■ **Information:** Platres
☎ +357 25 421 316 ■ Mo – Fr 9 – 15 Uhr
**Pan. tou Moutoulla:** +357 22 952 677
**Ag. Ioannis Lampadistis:** tägl. 9 – 13 Uhr & 15 – 17 Uhr (Mai – Aug 16 – 18 Uhr)
**Metam. tou Sotiros:** Di – Fr 10 – 13 Uhr
**Ag. Nikolaos tis Stegis:** Di – So 9 – 16 Uhr (So ab 11 Uhr)
**Archangelos Michael:** tägl. 9 – 18 Uhr
**Panagia tis Podithou:** +357 99 671 776
**Pan. tou Araka:** Mo – So 9 – 13 & 14.30 – 18 Uhr (So ab 10 Uhr; Winter: bis 17 Uhr)
**Stavros tou Agiasmati:** Anmeldung im Café von Platanistasa
**Panagia Asinou:** tägl. 9 – 16 Uhr (So & Feiertage ab 11 Uhr)
**Timios Stavros:** Mo – Fr 10 – 13 Uhr (Winter: bis 12 Uhr) & 15 – 17.30 Uhr (Winter: bis 16.30 Uhr), Sa 9 – 13 Uhr

# TOP10 ⭐ Archäologischer Park Kato Pafos

Nahe Kato Pafos liegt die faszinierendste und am leichtesten zugängliche archäologische Stätte Zyperns. Die erst 1962 entdeckten Relikte stammen aus einem Zeitraum von über 2000 Jahren. Sie liefern bis heute spannende Informationen über das Leben auf der Insel zur Zeit des Römischen Reichs. Prächtige Bodenmosaiken aus vier römischen Villen zeugen von Reichtum und Lebensfreude: Sie zeigen z. B. Darstellungen von Trinkgelagen von Göttern und Sterblichen. Die Stätte bei Kato Pafos zählt zum UNESCO-Welterbe.

## Saranda Kolones ①

Die Mauern, Gewölbe und Verliese der von Lusignan-Königen auf den Ruinen einer byzantinischen Burg errichteten Festung (13. Jh.; *rechts*) umgab einst ein Wassergraben.

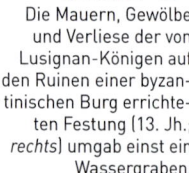

## ② Haus des Theseus

Die Villa ist nach den Mosaiken benannt, die zeigen, wie Theseus unter den Augen von Ariadne seine Keule gegen Minotaurus schwingt (*oben*). Achill, der Held des Trojanischen Kriegs, ist als Kleinkind abgebildet.

## ③ Haus des Orpheus

Das schönste der verbliebenen Mosaiken zeigt den tragischen Musiker Orpheus, der wilde Bestien mit seiner Kunst betört. Der Komplex ist Besuchern nicht zugänglich.

## ⑤ Haus des Dionysos

Die größte der vier Villen von Kato Pafos wurde nach den Mosaiken mit Darstellungen von Dionysos (*unten*), dem Gott des Weines, benannt.

## Haus des Aion ④

Einige der Mosaiken in der Villa aus dem 4. Jahrhundert n. Chr. haben die Götter Hermes und Dionysos als Motiv. Andere zeigen die für ihre Schönheit gerühmte Königin Kassiopeia sowie die Götter Apollon und Aion, nach dem das Haus benannt wurde.

## Geschichte von Kato Pafos

Das schon in Homers *Ilias* erwähnte Königreich Pafos wurde 320 v. Chr. in einer seit 1400 v. Chr. besiedelten Region gegründet. Unter der makedonisch-griechischen Dynastie der Ptolemäer, die über Ägypten und Zypern herrschte, und in der Zeit des römischen Reichs stieg Kato Pafos zur bedeutendsten Stadt Zyperns auf. 45 n. Chr. brachten die Apostel Paulus und Barnabas das Christentum in die Stadt. Das reiche Pafos wurde 365 n. Chr. durch mehrere Erdbeben zerstört. Es blieb ein kleiner Fischerort, der erst in den 1970er Jahren durch den Fremdenverkehr neuen Aufschwung erfuhr.

## ⑥ Asklepieion

Der dem Gott der Heilkunst geweihte Tempel diente auch als Hospital. Die Priester waren für ihre medizinischen Kenntnisse berühmt.

## ⑧ Römisches Theater

Das Theater (Anfang 2. Jh.; *oben*) wurde rund 300 Jahre nach dem Bau durch ein Erdbeben zerstört. Die zum Teil restaurierte Anlage mit elf Sitzreihen bietet Blick auf die gesamte Stätte.

## ⑨ Agora

Der Marktplatz, das soziale, politische und wirtschaftliche Zentrum der Stadt, war einst von einem prächtigen Säulengang umringt.

## ⑩ Hellenistisches Theater

Die Sitzreihen des Theaters (*unten*) wurden oberhalb von Kato Pafos am Südhang des Fabrica-Hügels in den Stein geschlagen.

## ⑦ Römischer Wall

Befestigungsmauern und ein Graben schützten die unter römischer Herrschaft wohlhabende Stadt.

## Infobox

Karte A5

▪ +357 26 306 217 ▪ tägl. 8.30–19.30 Uhr (Mitte Sep – Mitte Apr: bis 17 Uhr) ▪ Eintritt: 4,50 € ▪ ♿ (teilw.)

▪ Bringen Sie reichlich Wasser mit – im Park kann man keine Erfrischungen kaufen.

▪ Auf der Landseite der Apostolou Pavlou befindet sich gegenüber dem Hafen ein großer kostenloser Parkplatz.

▪ Von der kleinen, unter osmanischer Herrschaft errichteten Burg am Hafen genießt man herrliche Aussicht.

APOSTOLOU PAVLOU

POSEIDONOS

Hafen von Pafos

# TOP 10 ⭐ Akamas

Die Halbinsel Akamas ist die am wenigsten erschlossene Region Zyperns. Die unter Naturschutz stehende raue Landschaft prägen Sandstrände, an denen Schildkröten nisten, Buchten mit klarem Wasser, in dem zuweilen Delfine schwimmen, Weinberge und – im äußersten Westen – atemberaubende Klippen. An der Küste liegen hübsche Dörfer. Auf Akamas befinden sich Relikte steinzeitlicher, römischer und byzantinischer Siedlungen.

### Agios Georgios & Kap Drepano ①

Die Böden der byzantinischen Kathedrale Agios Georgios *(rechts)* am Kap Drepano zieren Mosaiken mit Darstellungen von Meereswesen.

### ② Prähistorische Siedlung bei Lemba

Archäologen rekonstruierten fünf Häuser aus der Kupfersteinzeit, in denen vor über 5500 Jahren einige der ersten Bewohner Zyperns lebten.

### ③ Bad der Aphrodite

In dem klaren Wasser *(oben)* badete der Sage nach die Göttin nach Treffen mit ihren Liebhabern. Wer von dem Wasser trinkt, verliebt sich angeblich in die nächste Person, die er sieht. Im Teich zu baden, ist untersagt.

### ④ Polis Chrysochous

Der schnell gewachsene Ferienort besitzt noch immer einer ruhige, entspannte Atmosphäre. Das kleine Archäologische Museum präsentiert Funde aus dem antiken Stadtkönigreich Marion-Arsinoe, die Kirche Agios Andronikos wartet mit einer Reihe schöner Fresken auf.

### 5 Coral Bay

An dem Sandstrand in der Bucht *(oben)* kann man Sonnenliegen mieten. Es gibt eine Strandbar und viele Wassersportmöglichkeiten.

### 7 Drouseia

Das malerische Dorf liegt hoch über der Küste auf einem mit Weinstöcken bewachsenen Kamm. Allein die herrliche Aussicht lohnt einen Besuch.

### 8 Kap Arnaoutis

Die karge, doch wunderschöne Landspitze mit den weißen Klippen bildet die Westspitze von Zypern.

### 9 Latsi

In dem Hafen, den einst Schwammtaucher nutzten, liegen heute Fischerboote und Yachten an den hölzernen Kais vertäut. Das bezaubernde Dorf bietet einige gute Fischrestaurants in Hafennähe sowie saubere Strände mit grobem Sand und Kies.

**Naturschutz**

Umweltschützer setzen sich unermüdlich dafür ein, die letzte ursprüngliche Küstenlandschaft Zyperns vor zu starker kommerzieller Nutzung zu bewahren. Auf der Halbinsel legen bedrohte Meeresschildkröten ihre Eier ab. Akamas ist Heimat seltener Fledermaus- und Vogelarten sowie vieler Orchideen. Das Hinterland ist weitgehend unverfälscht, da es einige Jahrzehnte lang von der britischen Armee für Schießübungen genutzt wurde.

### 10 Lara Beach

Der Sandstrand *(unten)* zählt zu den schönsten Stränden in Südwestzypern. Am Lara Beach legen jedes Jahr Unechte Karettschildkröten Eier ab.

### 6 Pano Panagia

Das Bergdorf liegt inmitten der schönsten Landschaft Südzyperns. In der Nähe befindet sich das Kloster der Panagia Chrysorrogiatissa *(oben)*, das eine schöne Ikonensammlung besitzt.

---

**Infobox**

Karte A3 – 5

**Prähistorische Siedlung bei Lemba:** Karte A5
∎ tagl. 9 – 1 / Uhr

**Archäologisches Museum Marion-Arsinoe, Polis Chrysochous:** Karte A4
∎ +357 26 322 955 ∎ Mo – Fr 8 – 16 Uhr, Sa 9 – 15 Uhr
∎ Eintritt: 2,50 € ∎ 🚻

∎ Radtouren zum Kap Arnaoutis sind wunderschön, aber nur gut trainierten Fahrern zu empfehlen: Vor allem in der Sommerhitze stellt die Rundfahrt (36 km) eine Herausforderung dar. Bequemer erreicht man die Sehenswürdigkeiten auf der Halbinsel Akamas mit den Ausflugsbooten, die im Sommer in Latsi ablegen.

# Themen

Kap Greco, Agia Napa

# TOP 10 Historische Ereignisse

**1 Prähistorisches Zypern**
Zypern wird in der Jungsteinzeit besiedelt. Ab etwa 3900 v. Chr. nutzen die Inselbewohner Kupferwerkzeuge. Die ab ca. 2500 v. Chr. bestehende bronzezeitliche Kultur besitzt Verbindungen nach Ägypten und Kleinasien sowie in die Ägäis. Im 12. Jahrhundert v. Chr. verbreitet sich die mykenische Kultur.

**2 Geometrische Zeit, Archaik & klassische Periode**
Um 1050 v. Chr. gibt es auf der Insel zehn Stadtstaaten, der Aphrodite-Kult blüht. Zyperns Reichtum lockt assyrische, ägyptische und persische Invasoren an, in Kition lassen sich Phönizier nieder. 333 v. Chr. wird Zypern Teil des Reichs von Alexander dem Großen.

**3 Hellenismus**
Nach dem Tod Alexanders fällt Zypern an die Ptolemäer.

58 v. Chr. wird es von Rom annektiert. 45 n. Chr. bekehren die Apostel Paulus und Barnabas Zyperns römischen Statthalter Sergius Paulus zum Christentum.

**4 Byzanz**
Ab 330 untersteht Zypern Konstantinopel – eine Epoche des Friedens beginnt. Erdbeben zerstören einige Küstenstädte. Die ab Mitte des 7. Jahrhunderts häufigen Überfälle durch arabische Piraten werden erst 965 von Kaiser Nikephoros II. Phokas beendet.

Nikephoros II. Phokas

**5 Königreich Zypern**
1191 erobert Englands König Richard Löwenherz Zypern. Er verkauft die Insel erst an den Templerorden, dann an den abgesetzten Titularkönig von Jerusalem, Guido von Lusignan, der König von Zypern wird. Die römisch-katholische Kirche verdrängt den griechisch-orthodoxen Glauben.

**6 Venezianer**
Die Republik Venedig erwirbt Zypern 1498 von der Witwe des letzten Lusignan-Königs. Sie befestigt Nikosia und Famagusta. 1571 fällt Zypern jedoch an die Osmanen.

**7 Osmanen**
Die Türken führen den orthodoxen Glauben wieder ein, fördern aber auch den Übertritt zum Islam. 1878 wird Zypern an Großbritannien verpachtet, das im Gegenzug das Osmanische Reich im Krieg gegen Russland unterstützt. 1925 wird Zypern britische Kronkolonie.

**8 Unabhängigkeit**
Nach heftigen Aufständen entlässt Großbritannien Zypern am 16. August 1960 in die Unabhängigkeit. Athens Militärregime nutzt Konflikte zwischen den Volksgruppen und fördert 1974 einen Putsch

Fresko mit dem Apostel Barnabas

Unterzeichnung des
Unabhängigkeitsvertrags

gegen die Inselregierung, um Zypern
mit Griechenland zu vereinen. Die
Türkei marschiert zum Schutz der
türkischen Bevölkerung ein. Nach
dem Waffenstillstand teilt die von der
UNO bewachte »Green Line« den türkisch besetzten Norden vom Süden.

### 9 Geteiltes Zypern
1983 wird im Nordteil die Türkische Republik Nordzypern (TRNZ)
proklamiert. Sie wird jedoch nur von
der Türkei als Staat anerkannt.

Türkische Flagge in Nordzypern

### 10 EU-Mitgliedschaft
Im April 2003 öffnet die Führung des zyprischen Nordteils die Grenze für griechische Zyprer und
Besucher. Am 1. Mai 2004 wird die
Republik Zypern vollwertiges Mit-
glied der Europäischen Union. 2012
richtet die Republik Zypern wegen
drohenden Staatsbankrotts ein Hil-
fegesuch an die EU. 2016 führten die
im Land durchgesetzten Sparmaß-
nahmen zu ersten wesentlichen
Erfolgen.

## Historische Persönlichkeiten

**1 Euagoras I.**
Euagoras (410 – 374 v. Chr.), König des
Stadtstaats Salamis, erobert weite Teile
Zyperns. Das rivalisierende Amathous
und Persien zwingen ihn zum Rückzug.

**2 Alexander der Große**
Die Herrscher Zyperns schlossen sich
Alexander 333 v. Chr. an, da er ihnen als
Befreier von den Persern galt.

**3 Apostel Barnabas**
Gemeinsam mit dem Apostel Paulus
bringt Barnabas im Jahr 45 das Christentum nach Zypern.

**4 Nikephoros II. Phokas**
Der byzantinische Kaiser (963 – 69)
vertreibt die Araber von der Insel.

**5 Richard Löwenherz**
Als seine Verlobte in Limassol festgehal-
ten wird, erobert Englands König (1157–
1199) Zypern (siehe S. 25).

**6 Guido von Lusignan**
Nach seiner Entmachtung in Jerusalem
gründet Guido von Lusignan das Königreich Zypern. Er herrscht bis zu seinem
Tod im Jahr 1194.

**7 Peter I.**
Der Lusignan-Herrscher (1358 – 69) führte einige erfolgreiche Feldzüge im östlichen Mittelmeerraum, bis ihn drei seiner
eigenen Ritter ermordeten.

**8 Selim II.**
Unter Sultan Selim II. werden nach mo-
natelanger Belagerung die Venezianer
von der Insel vertrieben.

**9 Hadjigeorgakis Kornesios**
Der Mittelsmann zwischen Griechen und
Türken und dem Ausland ist der reichste
Mann der Insel. 1809 wird er enthauptet.

**10 Erzbischof Makarios III.**
Makarios III. (1913 –1977), Führer des
Unabhängigkeitskampfs, ist Zyperns
erster Präsident.

Erzbischof Makarios III.

# TOP10 Museen & Sammlungen

Exponat im Thalassa-Museum, Agia Napa

### 1 Zypern-Museum, Nikosia

Das bedeutendste Museum Zyperns zeigt einzigartige Funde *(siehe S. 14f)*.

### 2 Byzantinisches Museum, Nikosia

Karte Q2 ▪ Stiftung Erzbischof Makarios III., Plateia Archiepiskopou Kyprianou (Erzbischöfliches Palais) ▪ +357 22 430 008 ▪ Mo – Sa 9 –16.30 Uhr (Sa bis 13 Uhr); Galerien: Mo – Fr 9 –13 Uhr & 14 –16 Uhr ▪ Eintritt ▪ 🔲 ▪ www. makariosfoundation.org.cy

Die frühchristlichen Mosaiken aus der Kirche Panagia Kanakaria, die einst illegal außer Landes gebracht worden waren, sind Highlight der Sammlung. Die ebenfalls im Gebäude ansässigen Galerien zeigen Kunst aus Zypern, Griechenland und anderen westeuropäischen Ländern.

Byzantinisches Museum, Nikosia

### 3 Thalassa-Museum, Agia Napa

Karte J4 ▪ Kryou Nerou 14 ▪ +357 23 816 366 ▪ Mo 9 –13 Uhr, Di – Sa 9 –17 Uhr, So 15 –19 Uhr (Okt – Mai: So geschl.) ▪ Eintritt ▪ 🔲

Das städtische Museum beschäftigt sich mit dem maritimen Erbe Zyperns von der Prähistorie bis zum Ende des 19. Jahrhunderts. Es präsentiert u. a. einen Nachbau des Schiffs von Kyrenia – das Wrack des antiken Schiffs befindet sich in der Festung Kyrenia *(siehe S. 110)*.

### 4 Leventis-Museum, Nikosia

Karte P3 ▪ Ippokratous 17 ▪ +357 22 661 475 ▪ Di – So 10 –16.30 Uhr ▪ 🔲 ▪ www.leventismuseum.org.cy

Prähistorische Artefakte, Töpferwaren aus der Zeit der Lusignan, alte Gravuren und Poster illustrieren die Geschichte Nikosias bis 1900. Auch über ausgestorbene Kunsthandwerkszweige wird informiert.

### 5 A. G. Leventis Gallery, Larnaka

Karte N3 ▪ A. G. Leventis 5 ▪ +357 22 668 838 ▪ Mi 10 – 20 Uhr, Do – So 10 –17 Uhr ▪ Eintritt ▪ 🔲 ▪ www. leventisgallery.org

Die einstige Privatsammlung des Geschäftsmannes Anastasios Leventis umfasst Werke europäischer Maler des 16. bis 20. Jahrhunderts sowie Arbeiten einheimischer Künstler.

## 6 Pierides-Museum, Larnaka

Das älteste Privatmuseum der Insel präsentiert antike und byzantinische Artefakte sowie zyprisches Kunsthandwerk und Trachten *(siehe S. 18f)*.

## 7 Byzantinisches Museum der Kirche Agios Lazaros, Larnaka

Karte M6 ▪ Plateia Agiou Lazarou ▪ +357 24 652 498 ▪ Mo – Sa 8.15 – 12.30 Uhr & 15 – 17.30 Uhr (Mi & Sa nachmittags geschl.) ▪ www.agios lazaros.org.cy

Neben liturgischen Silberwaren (18./19. Jh.) sind mit Schnitzarbeiten versehene Holztüren und Galionsfiguren zu sehen.

Byzantinisches Museum, Agios Lazaros

## 8 Archäologisches Museum, Larnaka

Zu den Highlights zählen eine rekonstruierte Grabstätte aus der Steinzeitsiedlung Choirokoitia, Tonwaren aus der Bronzezeit sowie ein fischförmiges Trinkgefäß *(siehe S. 78)*.

## 9 Städtische Kunstgalerie, Larnaka

Karte M5 ▪ Plateia Evropis ▪ +357 24 658 848 ▪ Mo – Fr 10 – 13 Uhr & 15 – 18 Uhr (Winter 16 – 19 Uhr), Sa 10 – 13 Uhr

Wechselausstellungen präsentieren Werke zyprischer und internationaler Künstler.

## 10 Mittelaltermuseum, Limassol

In der Burg von Limassol sind u. a. Waffen und Silberwaren ausgestellt *(siehe S. 24)*.

---

**Außergewöhnliche Museen**

Motorradmuseum, Nikosia

**1 Motorradmuseum, Nikosia**
Karte F3 ▪ Granikou 44 ▪ Mo – Sa
▪ Eintritt
Die historischen Motorräder begeistern.

**2 Städtisches Museum für Paläontologie, Larnaka**
Karte M4 ▪ Plateia Evropis ▪ Di – So
(Juni & Aug: So geschl.)
Zu sehen sind Muscheln und Fossilien.

**3 Zyprisches Münzenmuseum, Nikosia**
Karte F3 ▪ Stasinou 51 ▪ Mo – Fr
Die antiken Münzen sind faszinierend.

**4 Zyprisches Postmuseum, Nikosia**
Karte F3 ▪ Agiou Savva 3b ▪ Mo – Sa
Das Museum spricht Philatelisten an.

**5 Museum des Freiheitskampfs, Nikosia**
Karte Q2 ▪ Apost. Varnava ▪ Mo – Fr
Das Museum illustriert die Geschichte des Unabhängigkeitskampfs.

**6 Webereimuseum, Fyti**
Karte B4 ▪ Mo – Sa
Die Sammlung umfasst Webstühle und handgearbeitete Textilien.

**7 Märchenmuseum, Nikosia**
Karte F3 ▪ Granikou 32 ▪ Mo – Fr
▪ Eintritt
Das Museum widmet sich Märchen und Mythen aus Zypern und aller Welt.

**8 Museum der Stickerei & Silberschmiedekunst, Lefkara**
Karte E5 ▪ tägl. ▪ Eintritt
Die traditionellen Kunsthandwerksarbeiten sind sehenswert.

**9 Petreon-Skulpturenpark, Mazotos**
Karte F5 ▪ auf Anfrage ▪ Eintritt
Die Freiluftausstellung lohnt den Besuch.

**10 Oleastro, Anogyra**
Karte C5 ▪ tägl. ▪ Eintritt
Das Museum beschäftigt sich mit der Geschichte der Olivenölproduktion.

# TOP10 Klöster

## 1 Machairas

Das 1148 gegründete, malerisch gelegene Kloster wurde sorgfältig restauriert. Neben den jahrhundertealten Mönchszellen, Ställen und Kellern ist die Sammlung an gut erhaltenen, prächtigen Ikonen sehenswert *(siehe S. 74)*.

**Machairas**

## 2 Stavrovouni

Das auf einem Hügel gelegene Kloster bietet herrliche Aussicht. Der Name »Kreuzesberg« bezieht sich auf einen Splitter des Kreuzes Christi, den die hl. Helena, die Mutter des römischen Kaisers Konstantin I., die das Kloster im 4. Jahrhundert gegründet haben soll, in den Räumen zurückließ. Im Kloster gelten ähnlich strenge Regeln wie in der Mönchsrepublik Athos. Frauen haben keinen Zutritt *(siehe S. 79)*.

## 3 Agios Irakleidios

Das Kloster wurde im Jahr 400 zu Ehren von Irakleidos gegründet, der die Apostel Paulus und Barnabas willkommen hieß, als sie das Christentum nach Zypern brachten. Irakleidos wurde zum ersten Bischof von Tamassos geweiht. Ein silbernes Reliquiar birgt seine Gebeine. Das Kloster wird heute von Nonnen geführt *(siehe S. 74)*.

## 4 Agios Minas

Karte E5 ▪ +357 24 342 952
▪ tägl. 9.30–11.30 Uhr & 14–16 Uhr (Mai–Sep 15–16.30 Uhr)
Weiße Kreuzgänge führen um eine kleine Kirche aus dem 15. Jahrhundert. Die von Nonnen gemalten Ikonen sind bei Sammlern begehrt.

## 5 Panagia tis Amasgou

Karte D5 ▪ +357 25 434 342
▪ tägl. 7–12 Uhr & 16–18 Uhr (Winter 15–17 Uhr) ▪ &
Die – teilweise nicht restaurierten – Fresken (12.–16. Jh.) in der Kirche, dem einzigen byzantinischen Sakralbau im Kouris-Tal bei Limassol, sind sehenswert.

## 6 Panagia tou Sinti

Karte B5
Das verlassene Kloster (16. Jh.) am Ufer des Xeros zählt zu den bedeutendsten venezianischen Bauwerken Zyperns. Das Kloster Kykkos, das die Anlage in den 1990er Jahren restaurierte, wurde für die hervorragende Arbeit mit dem Europa-Nostra-Preis ausgezeichnet. Das Kloster ist nur von außen zu besichtigen.

**Die prächtig ausgeschmückte Kirche des Klosters Kykkos**

### 7 Kykkos

Karte C4 ▪ +357 22 942 742
▪ tägl. 10–18 Uhr (Nov–Mai: bis
16 Uhr) ▪ Eintritt

Das 900 Jahre alte Kloster birgt eine
wundertätige Marienikone, die der
Gründer des Klosters, der Eremit
Isaias, von Kaiser Alexios I. Komnenos erhielt. Die Ikone wird, vor
den Blicken von Laien verborgen,
in einem Schrein aufbewahrt. Das
Kloster Kykkos ist als bedeutendes
Zentrum des orthodoxen Christentums bis heute Ziel von Wallfahrern.

**Agios Georgios Alamanos**

### 8 Agios Georgios Alamanos

Karte E6 ▪ +357 99 541 906 ▪ tägl.
Sonnenaufgang bis Sonnenuntergang

Das vor rund 900 Jahren gegründete
Kloster umgeben liebevoll gepflegte
Blumen- und Kräutergärten. Die

Nonnen verkaufen Honig aus
eigener Produktion und schöne,
selbst gemalte Ikonen.

### 9 Panagia Chrysorrogiatissa

Das im 12. Jahrhundert gegründete,
imposante Kloster ist der »Heiligen
Jungfrau des goldenen Granatap-
fels« geweiht (das Symbol des Gra-
natapfels basiert auf einer Verbindung der Verehrung von Aphrodite
und Maria). Es birgt wertvolle Ikonen
und Sakralobjekte *(siehe S. 94)*. Eine
Ikone der Jungfrau Maria, die der
hl. Ignatius fand, ziert die Ikonostase. Die von den Mönchen gekelterten
exzellenten Weine kann man im
klösterlichen Weingut Monte Royia
*(siehe S. 63)* kosten und erwerben.

### 10 Agios Neophytos

Karte A5 ▪ +357 26 652 481
▪ Apr–Okt: tägl. 9–13 Uhr & 14–
18 Uhr; Nov–März: tägl. 9–16 Uhr
▪ Eintritt

Das Kloster wurde im 12. Jahrhundert von dem Eremiten Neophytos
gegründet. Im Klostermuseum sind
die kunstvoll aus Eisen gefertigten
Kronen und die seidenen Gewänder
der orthodoxen Bischöfe besonders
sehenswert. Die Fresken in der Kapelle – einer Höhle, die der hl. Neophytos aus dem Berg schlug – sind
ebenfalls faszinierend.

# ⓽ Malerische Dörfer

**① Vavla**
**Karte E5**
Von dem ruhigen, malerischen Bergdorf mit den zum Teil nicht mehr ganz intakten historischen Steinhäusern eröffnet sich eine wunderbare Aussicht auf das Troodos-Gebirge.

**② Kalavasos**
Zentrum des lebhaften Dorfs, das herrlichen Blick auf die Berge bietet, ist die reich geschmückte Kirche. Von Kalavasos aus ist die aus der Jungsteinzeit datierende Anlage mit Gräbern und einem Rundhaus in Tenta gut zu erreichen. Der Ort ist auch ideale Basis für Wanderungen, Radtouren und Ausritte in die ländliche Umgebung *(siehe S. 80)*.

**③ Tochni**
Das beschauliche Dorf mit der bezaubernden Kirche liegt in einem Tal inmitten von Olivenhainen und Weingärten *(siehe S. 80)*. Nach der Besichtigung der nahe gelegenen jungsteinzeitlichen Siedlung Choirokoitia *(siehe S. 79)* oder des Klosters Agios Minas *(siehe S. 40)* kehren Besucher gern in den Tavernen und Cafés in Tochni ein.

**Traditionelles Haus, Fikardou**

**④ Fikardou**
Der Ort wurde für die Bewahrung von traditioneller Architektur und typischem Dorfleben mit dem Europa-Nostra-Preis ausgezeichnet. Die etwa 40 restaurierten Häuser besitzen Mauern aus Lehmziegeln und Stein sowie rote Ziegeldächer. Die Häuser des Katsinioros und des Achilleas Dimitri (18. Jh.) beherbergen ein Museum *(siehe S. 74)*.

**Die Kirche Agiou Konstantinou kai Elenis, Tochni**

## ⑤ Kakopetria

Die Gründer gaben dem im nördlichen Troodos-Gebirge gelegenen Dorf den Namen Kakopetria (»böse Steine«), da sie vor der Besiedelung große Felsbrocken beiseiteräumen mussten. Die restaurierten Steinhäuser und eine historische Wassermühle schaffen ein reizendes Ambiente *(siehe S. 104)*.

Kalopanagiotis

## ⑥ Kalopanagiotis
Karte C4

Von dem Dorf eröffnet sich ein atemberaubender Blick über das Tal. Das mit Fresken ausgestattete Kloster (13. Jh) zählt zum UNESCO-Welterbe. In Kalopanagiotis befinden sich einige schöne alte Villen und venezianische Brücken. In der Umgebung gibt es gute Wanderwege.

## ⑦ Fyti
Karte B4

Von dem Dorf reicht der Blick über Berghänge und Felder bis zu den Stränden der Westküste. Fyti ist für die Herstellung von Spitze und Webarbeiten bekannt *(siehe S. 39)*.

## ⑧ Lofou
Karte C5

Das beschauliche Dorf in den Ausläufern des Troodos-Gebirges ist von Weinbergen umringt. Die zum größten Teil restaurierten historischen Häuser zieren dichte Bougainvilleen und Purpurwinden.

## ⑨ Monagri
Karte D5

Das hübsche Dorf lohnt vor allem wegen der nahe gelegenen Klosterkirche Archangelos Michael den Besuch. Die Kirche zieren zeitgenössischen Fresken des Malers Filaretos, aus einem römischen Tempel geborgene Säulen und ein Dekorationselement eines *mihrab*. Letzteres stammt aus der Zeit, als das Gotteshaus als Moschee genutzt wurde.

## ⑩ Silikou
Karte D5

Das unverfälschte, überaus bezaubernde Dorf liegt inmitten von Olivenhainen. Ein Museum zeigt traditionelle Werkzeuge zur Herstellung von Olivenöl.

Olivenhaine nahe Silikou

# ☑ TOP10 Strände

### ① Coral Bay
Der acht Kilometer nördlich von Pafos gelegene Sandstrand Kolpos ton Koralion wird gemeinhin Coral Bay genannt. Er wird gern von einheimischen jungen Leuten aufgesucht. An dem Strand sind den ganzen Sommer über Liegen aufgestellt *(siehe S. 95)*.

Coral Bay

### ② Agia Napa
Agia Napas Strände gehören zu den schönsten und meistbesuchten Südzyperns. Das Sportangebot reicht von Wasserskifahren über Bungee-Jumping bis Quad-Biking. Der Stadt am nächsten liegt Nissi Beach – der Strand zählt im Hochsommer viele Besucher. Der ruhigere Makronissos Beach ist fünf Kilometer vom Stadtzentrum entfernt. Der Strand Kyro Nero erstreckt sich östlich des Hafens *(siehe S. 16f)*.

### ③ Avdimou
Der Strand des an der Südküste gelegenen Dorfs Avdimou ist trotz des klaren Wassers wenig besucht und kaum erschlossen. Er bietet aber zwei Tavernen *(siehe S. 95)*.

### ④ Bucht von Pissouri
Der Strand an der Südküste ist bei Familien, Wasserskifahrern und Windsurfern beliebt. Am Strand und im Dorf gibt es mehrere Tavernen *(siehe S. 95)*.

### ⑤ Pafos
Karte A5
Die besten Strände liegen östlich der Stadt: Die Cyprus Tourism Organization unterhält bei Geroskipou einen familienfreundlichen Strand *(siehe S. 95)*. Nahe dem Flughafen von Pafos erstreckt sich der schöne Floria Beach. Nahe dem Zentrum von Kato Pafos liegt der Stadtstrand Vrisoudia mit Schatten spendenden Palmen, Liegestühlen, Sonnenschirmen, Snackbar und Restaurant.

### ⑥ Lara Beach
Am Kap Lara gibt es exzellente Strände. Im Süden erstreckt sich ein fast zwei Kilometer langer, wenig besuchter Sandstrand. Lara Beach liegt in der flachen Bucht im Norden. Bei nächtlichen Strandwanderungen unter fachkundiger Leitung von Umweltschützern kann man beobachten, wie sich Unechte Karettschildkröten zur Eiablage an Land begeben. Die Gelege werden in eine Schutzzone gebracht, wo sie vor Hunden, Füchsen und anderen Räubern sicher sind *(siehe S. 33 & S. 95)*.

### ⑦ Governor's Beach
Der in einer Bucht vor weißen Klippen gelegene Strand mit dunklem Sand ist bei Einheimischen beliebt. Es gibt Tavernen, Snackbars, Liegestühle und Wassersportangebote *(siehe S. 95)*.

Governor's Beach

**Wassersportangebote, Fig Tree Bay**

**⑧ Fig Tree Bay**
Der Sandstrand liegt in Protaras am türkisfarbenen Meer. Er ist ruhiger als die von Jugendlichen bevölkerten Strände, die sich nahe der fünf Kilometer entfernten Stadt Agia Napa erstrecken. Fig Tree Bay bietet zahlreiche Wassersportmöglichkeiten *(siehe S. 81)*.

**⑨ Asprokremmos**
Der wenig besuchte Sandstrand, der sich westlich von Latsi erstreckt, zählt zu schönsten Zyperns *(siehe S. 95)*.

**⑩ Polis Chrysochous**
Polis Chrysochous ist ein hübscher Ferienort in Westzypern. 15 Gehminuten vom Zentrum der Ortschaft entfernt befindet sich

im Osten der Bucht von Chrysochou ein langer Sand- und Kiesstrand. Er bietet ein hübsches Bar-Restaurant und Picknickbereiche unter Eukalyptusbäumen. Die westlich von Polis Chrysochous gelegenen Strände sind weniger stark besucht *(siehe S. 32 & S. 95)*.

**Bucht von Chrysochou**

# TOP 10 **Wassersport**

Segelschiff vor der Küste Zyperns

### ① Segeln

Yachten mit Skipper können in Larnaka, Limassol und anderen Hafenstädten tageweise oder für längere Törns gechartert werden. Dingis und Katamarane werden an den Stränden rund um Agia Napa, Protaras und Latsi halbtage- oder tageweise vermietet.

### ② Fahrten mit Bananenbooten

Bei einem Ritt auf den knallgelben, aufblasbaren »Bananen«, die von schnellen Motorbooten gezogen werden, gilt es, bei immer wilderen Manövern nicht ins Wasser zu fallen. Das Tragen einer Schwimmweste ist Pflicht. Viele Veranstalter setzen für die Passagiere ein Mindestalter von 16 Jahren an.

### ③ Schwimmen

Das saubere, glasklare Wasser um Zypern eignet sich perfekt zum Schwimmen. An den meisten Stränden stehen in der Hochsaison Rettungsschwimmer bereit. Achten Sie stets auf gehisste rote Fahnen, die auf Gefahren durch hohe Wellen oder starke Strömungen hinweisen. Große Hotels bieten meist mindestens einen Swimmingpool und ein Kinderbecken, Luxushotels auch Indoor-Pools.

### ④ Fischen

In den warmen Gewässern vor den Küsten Zyperns leben mehr als 250 Fischarten. In vielen Küstendörfern kann man Fischerboote mieten oder an organisierten Ausflügen teilnehmen. Bei diesen Fahrten ist die Verpflegung üblicherweise inbegriffen, den eigenen Fang darf man mit nach Hause nehmen. In Nordzypern ist Kyrenia Zentrum für Ausflüge dieser Art.

Windsurfer

### ⑤ Windsurfen & Kiteboarden

Die besten Bedingungen für diese Sportarten findet man in Agia Napa und Protaras vor. Boards gibt es vielerorts in Hotels und an öffentlichen Stränden zu mieten. Die nachmittags meist aufziehende leichte Brise lockt besonders viele Windsurfer und Kiteboarder aufs Wasser.

### ⑥ Jetskifahren

Jetskis können in allen Ferienorten gemietet werden. Wegen der hohen Benzinkosten ist dieser Sport allerdings recht teuer. Beim Jetskifahren ist das Tragen einer Schwimmweste Pflicht und es ist verboten, Schwimmer zu gefährden. Zu reinen Schwimmerzonen, die durch farbige Bojen abgegrenzt sind, muss ausreichend Abstand gehalten werden.

Fahrt mit einem Bananenboot

Taucher erkunden die Unterwasserwelt

### (7) Tauchen

Zypern bietet Tauchreviere für alle Leistungsstufen und in den verschiedensten Wassertiefen. Auch anspruchsvolles Wracktauchen ist möglich. Die Sicht unter Wasser ist exzellent. Die besten Tauchreviere liegen vor der Westküste. Neben zahlreichen professionell geführten Tauchzentren gibt es in allen großen Ferienorten auch zertifizierte Tauchschulen *(siehe S. 48f)*.

### (8) Wasserskifahren

Die ruhigen Gewässer vor Limassol, Larnaka, Protaras und Agia Napa bieten Wasserskifahrern aller Leistungsklassen exzellente Bedingungen. Angesichts der harten Konkurrenz zwischen den zahlreichen Anbietern in den einzelnen Ferienorten kann sich ein Preisvergleich durchaus lohnen.

### (9) Schnorcheln

Selbst Anfänger, die sich nur wenige Meter vom Strand entfernen, können an den Felsen im flachen Wasser Seeanemonen und Seeigel sehen sowie kleine Fische und – mit ein wenig Glück – Tintenfische beobachten. Geübte Schwimmer können felsigere Küstenstreifen ansteuern, die ein reicheres Unterwasserpanorama bieten. Eines der besten Schnorchelgebiete befindet sich vor der Nordküste der Halbinsel Akamas *(siehe S. 32f)*: Die dortigen Felsbuchten und strandnahen Inseln sind Lebensraum einer artenreichen Meeresfauna und -flora *(siehe S. 48f)*.

### (10) Parasailing

Die einzige Voraussetzung, die man erfüllen muss, um sich an einem Fallschirm hängend von einem schnellen Motorboot durch die Luft ziehen zu lassen, sind gute Nerven. Der atemberaubende Ritt hoch über dem Meer macht Spaß und ermöglicht einen Blick auf die Küste aus der Vogelperspektive. In den meisten Ferienorten wird Parasailing von mehreren Veranstaltern angeboten.

Vorbereitungen zum Parasailing

# TOP10 Tauch- & Schnorchelgebiete

## ① Wrack der *Vera K*
Ein Teil des im Zweiten Weltkrieg gesunkenen libanesischen Frachters liegt in nur acht Metern Tiefe bei den Moulia-Felsen vor dem Strand von Geroskipou. Das mit Muscheln dicht verkrustete Wrack zieht unzählige Fische an und ist ein hervorragendes Ziel für Tauchanfänger.

## ② Wrack der *Zenobia*
Die 170 Meter lange schwedische Lkw-Fähre sank 1980 auf ihrer Jungfernfahrt vor der Küste von Larnaka. Glücklicherweise wurden alle Passagiere und Besatzungsmitglieder gerettet. Für Wracktaucher gehört die *Zenobia* zu den beliebtesten Zielen im Mittelmeer, wenn nicht weltweit. In 43 Metern Tiefe liegen immer noch über 100 Lastwagen, es gibt Tauchmöglichkeiten für alle Leistungsklassen. Um das Wrack tummeln sich Barsche, Thunfische, Meeraale, Barrakudas und andere Meereslebewesen. Erfahrene Taucher können auch tiefer gelegene Räume des Wracks erkunden, etwa den Maschinenraum.

Wrack der *Achilleas*

## ③ Wrack der *Achilleas*
Der Untergang der *Achilleas*, die 1975 in Küstennähe explodierte und versank, ist noch immer geheimnisumwoben. Die drei Wrackteile liegen in unterschiedlichen Tiefen. Sie werden von silbrig schimmernden Schwärmen kleiner Fische bevölkert. Bisweilen sieht man auch Barsche und Muränen.

## ④ Mismaloya-Riff
Das Riff ist Lebensraum von Barschen und Brassen, aber auch von größeren Meeresbewohnern. Es zählt zu den abgelegeneren Tauchgründen von Pafos und eignet sich

Wrack der *Zenobia*

für erfahrenere Taucher, die auch die lange Anfahrt über das Meer nicht scheuen.

**5 Wrack der *Ektimon***

Der für Anfänger hervorragend geeignete Tauchgang führt in sechs Meter Tiefe. Das Wrack des griechischen Frachters, der 1971 auf Grund lief, ist fast zerfallen, aber die Schiffsschrauben sind erhalten.

**6 Agios Georgios**

Die felsige kleine Insel liegt unmittelbar vor der Nordwestküste im Meeresschutzgebiet von Akamas. Zur artenreichen Meeresfauna zählen Barsche und Muränen, in 35 Metern Tiefe kann man Höhlen erkunden. Die vor Westwinden geschützte Insel ist eine gute Ausweichmöglichkeit, wenn hoher Wellengang oder schlechte Sicht das Tauchen an der Westküste unmöglich machen.

Korallen vor der Küste Zyperns

Agios Georgios

**7 Jubilee Shoals**

Das etwa 35 Kilometer vor der Küstenregion von Pafos gelegene Riff ist Lebensraum von Muränen, Thunfischen, Tintenfischen und anderen Großfischen. Das riesige, gänzlich unter Wasser gelegene Riff mit Höhlen, Felsnadeln und einem Tunnel ist für Anfänger ungeeignet, erfahrene Taucher genießen die Erkundung des Gebiets in 20 bis 60 Metern Tiefe. Die Anfahrt zu den Jubilee Shoals nimmt einige Zeit in Anspruch.

**8 Amphoren-Höhlen**

Nahe Pafos führt ein faszinierender Tauchgang zu unter Wasser gelegenen Höhlen. Die in einer der

Höhlen in der Decke eingeschlossenen verkrusteten Amphoren beweisen Archäologen zufolge, dass das Gebiet einst über dem Meeresspiegel lag und innerhalb der letzten 2000 Jahre durch seismische Bewegungen unter Wasser geriet. Bei dem maximal zehn Meter tiefen Tauchgang kann man schöne Korallen bewundern.

**9 Wall Street**

Der Tauchgang führt in eine 25 bis 30 Meter tiefe, schmale Rinne, die von unzähligen Weichkorallen, Schwämmen und Anemonen bevölkert wird. Die Exkursion ist für Anfänger hervorragend geeignet und stellt eine gute Einführung in die Unterwasserwelt vor Zypern dar.

**10 Petra Cialias**

Das Gebiet erstreckt sich um einige große, in relativ seichtem Gewässer gelegene Felsen. Beim Tauchen kann man Schwärme kleiner Fische, gelegentlich aber auch Tintenfische, Barrakudas und Barsche aus nächster Nähe betrachten.

# TOP10 Sport & Aktivurlaub

**Wanderweg auf der Halbinsel Akamas**

**① Bergwandern**
Bei Wanderungen durch die kühlen Wälder und schroffen Täler des Troodos-Gebirges kann man die wunderschöne Flora und Fauna Zyperns erkunden. Für Touren empfehlen sich Frühling und Herbst.

**② Tennis**
Öffentliche, mit Flutlicht ausgestattete Allwetterplätze gibt es auf der ganzen Insel. Vier- und Fünf-Sterne-Hotels sowie Apartmentanlagen bieten meist eigene Courts.

**③ Gokarts & Quads**
Hobbyrennfahrer können die Kartbahnen in Pafos, Polis Chrysochous, Limassol, Larnaka und Agia Napa nutzen. In Agia Napa kann man auch Quads für Fahrten durch die nahe gelegenen Dünen mieten.

**④ Reiten**
Die Reitzentren in Nikosia, Limassol und Pegeia (nahe Pafos) bieten sowohl Möglichkeiten für fortgeschrittene Reiter als auch Unterricht und Ausrüstung für Anfänger.

**⑤ Bowling**
Moderne klimatisierte Bowlingbahnen findet man in Pafos, Polis Chrysochous und Limassol. In Agia Napa gibt es Freiluftbahnen direkt am Meer. Die Bowlingzentren haben meist von 12 Uhr bis 2 Uhr geöffnet.

**⑥ Angeln**
Abteilung für Fischerei & Meeresforschung des Zyprischen Landwirtschafts- & Umweltministeriums: Vithleem 101, Nikosia; +357 22 807 807; www.moa.gov.cy
Auf Zypern kann man ganzjährig an 20 fischreichen Süßwasserseen Forellen, Barsche, Zander, Karpfen und Plötzen angeln. Angelscheine sind beim Zyprischen Landwirtschafts- & Umweltministerium erhältlich.

**⑦ Mountainbiken**
Auch wenig Trainierte können Zypern gut mit dem Mountainbike erkunden. In der Landschaft rund um die Ferienorte gibt es nur geringe Steigungen, rasch erreicht man Felder und Wälder. Mit einem dichten Netz an unbefestigten Wegen, die nur mit Mountainbikes oder Autos mit Vierradantrieb befahrbar sind, bietet die Halbinsel Akamas

**Mountainbiker**

ein anspruchsvolleres Terrain. Auf Zypern finden jährlich zwei Mountainbikerennen statt: das Afxentia Stage Race (Frühjahr) und das Agia Napa International (November).

### 8 Golf

**Elea Estate: Karte A5; Pafos; +357 26 202 004; www.eleaestate.com ▪ Aphrodite Hills: Karte B5; +357 26 828 000; www.aphroditehills. com ▪ Minthis Golf Club: Karte B5; Tsada (nahe Pafos); +357 26 842 200; www.minthisresort.com ▪ Secret Valley Golf Resort: Karte B5; Kouklia; +357 26 274 000; www.secretvalleygolf resort.com**

Auf Zypern herrscht fast ganzjährig perfektes Golfwetter – nur im Juli und August ist es oft zu heiß. Zu den besten 18-Loch-Plätzen zählen die der Clubs Aphrodite Hills, Minthis und Secret Valley. Den Platz von Elea Estate gestaltete Nick Faldo.

Golfplatz Aphrodite Hills

### 9 Skifahren

Skifahrer finden auf dem 1952 Meter hohen Olympos von Anfang Januar bis Ende März die besten Verhältnisse vor. Lifte gibt es an der Nord- und Südseite.

### 10 Bungee-Jumping

Draufgängertum und eine große Portion Mut sind erforderlich, um auf einen wackligen, 65 Meter hohen Turm zu klettern und sich anschließend an einem Gummiband hängend in die Tiefe zu stürzen. Agia Napa ist das zyprische Zentrum für Bungee-Jumping und ein Anziehungspunkt für Extremsportler auf der Suche nach dem ultimativen Adrenalinstoß.

## Radtouren

**Auf der Route Akrotiri & Salzsee**

**1 Akrotiri & Salzsee**
Karte D6
Auf der 30 Kilometer langen Rundfahrt sieht man Flamingos und Pelikane.

**2 Promenade von Agia Napa**
Karte J4
Die ebene Strecke vom Zentrum von Agia Napa nach Agia Thekla ist hin und zurück etwa 9,5 Kilometer lang.

**3 Pafos**
Karte A5
Die fünf Kilometer lange Fahrt führt vom Hafen zu Pafos' Hauptattraktionen.

**4 Von Troodos zu den Kaledonischen Wasserfällen**
Karte D4 – C5
Die Strecke (13 km) verläuft nur bergab.

**5 Troodos-Wald**
Karte D4
Auf der Tour von Psilo Dendro nach Kato Amiantos (10 km) gibt es viel Schatten.

**6 Von Troodos nach Kryos Potamos**
Karte D4
Die acht Kilometer lange Tour führt über bewaldete Berghänge.

**7 Von Pyrgos zum Governor's Beach**
Karte E5 – E6
Vom Fuß des Troodos-Gebirges gelangt man zu dem schönen Strand (13 km).

**8 Von Lythrodontas nach Lefkara**
Karte E5
Die 14,5 Kilometer lange Strecke zu dem für die Herstellung von Spitze bekannten Dorf ist anspruchsvoll.

**9 Gialias-Rundtour**
Karte E4
Kühle Bergbrisen erleichtern die Fahrt (32 km) von und nach Lythrodontas.

**10 Akamas**
Karte A4
Die Fahrt von Agios Georgios nach Latsi (20 km) ist sehr anspruchsvoll.

# TOP10 Wanderwege

**Ausblick, Rundwanderweg Atalante**

### ① Rundwanderweg Atalante

**Karte D4**

Auf der zwölf Kilometer langen Tour eröffnen sich herrliche Ausblicke. Der Weg führt um den Olympos, den höchsten Berg im Troodos-Gebirge, durch Wälder mit Schwarzkiefern und jahrhundertealtem Wacholder. Ausgangs- und Endpunkt der etwa vier Stunden langen Wanderung ist der Hauptplatz im Ort Troodos.

### ② Wanderweg Kaledonia

**Karte C5**

Von der Sommerresidenz des Präsidenten der Republik Zypern gelangt man gemütlichen Schritts in knapp 90 Minuten durch dichten Wald zu der Schlucht mit den Kaledonischen Wasserfällen *(siehe S. 104)*. Der Pfad folgt dem stets Wasser führenden Kryos Potamos (»Kalter Fluss«), in dem Wanderer ihre müden Füße erfrischen können. Unterwegs sieht man Schmetterlinge, Vögel und im Frühjahr und Frühsommer eine überbordende Blütenpracht.

### ③ Rundwanderweg Persephone

**Karte D4**

Ausgangspunkt des strammen Spaziergangs ist der Hauptplatz im Ort Troodos. Der Weg verläuft durch den Wald bis zum 1700 Meter hoch gelegenen Aussichtspunkt Makria Kondarka, der Blick auf die Felder in der Ebene von Limassol bietet.

### ④ Wanderweg Profitis Ilias

**Karte J4**

Ausgangspunkt des Wanderwegs ist die Kirche Profitis Ilias an der Straße von Protaras nach Paralimni. Der Weg führt durch hügelige Felder und Wiesen vorbei an den Kapellen Agii Saranta und Agios Ioannis bis zum Strand Konnos.

**Der malerische Strand Konnos**

### ⑤ Rundwanderweg Lefkara

**Karte E5**

Der Weg führt zur Kapelle Metamorfosis tou Sotiros, die auf einem Hügel steht und herrlichen Blick auf den von alten steinernen Häusern geprägten Ort Lefkara und das Kloster Agios Minas bietet. Für die drei Kilometer lange Strecke benötigt man etwa 90 Minuten.

### ⑥ Rundwanderweg Horteri

**Karte B4**

Die Wanderung führt fünf Kilometer bergauf in den größten Pinienwald

**Wasserfall am Wanderweg Kaledonia**

Zyperns hinein. Sie ist im Frühjahr und im Herbst am schönsten. Start- und Endpunkt ist die Platanouthkia-Quelle bei Stavros tis Psokas.

###  Naturpfad Selladi tou Stavrou
Karte B4

Der drei Kilometer lange Spaziergang durch den Wald bei Stavros tis Psokas führt zur Forststation, die eine Zuchtherde der gefährdeten Zypern-Mufflons beheimatet.

###  Naturpfad Ariadni
Karte C4

Der 3,5 Kilometer lange Spaziergang beginnt bei Gerakies. Er bietet eine wunderbare Aussicht auf das Marathasa-Tal und den Pafos-Wald.

### Naturpfad Artemis
Karte C4

An dem Höhenweg, der von der Kreuzung der Straßen Chionistra–Troodos und Troodos–Prodromos bis ins Ortszentrum von Troodos führt, blühen im Frühjahr und Sommer Krokusse, Alpenveilchen und Anemonen. Man sieht die Ruinen einer Festung (16. Jh.), in der sich 1571 Venezianer gegen die Osmanen wehrten. Für die acht Kilometer braucht man knapp drei Stunden.

Anemone

Leuchtturm am Kap Greco

###  Rundwanderweg Agii Anargyri
Karte J4

Der Weg ab der Kirche Agii Anargyri oberhalb von Konnos beinhaltet einen Abstecher zum Kap Greco.

## Tiere

Zypern-Mufflon

**1 Zypern-Mufflon**
Den in freier Wildbahn fast ausgerotteten Mufflon kann man in Schutzgebieten bei Stavros tis Psokas in der Nähe von Pafos sehen.

**2 Flamingo**
Rosaflamingos überwintern an den Salzseen bei Akrotiri und Larnaka.

**3 Pelikan**
Pelikane sind auf Zypern nicht heimisch, rasten aber auf ihren Wanderungen am Salzsee von Akrotiri.

**4 Zypern-Feldhase**
Der scheue Feldhase ist durch die Jagd fast ausgerottet worden. Wanderer erspähen ihn gelegentlich.

**5 Zypern-Stachelmaus**
Das Nagetier liebt Mandeln und die Schoten des Johannisbrotbaums.

**6 Wiedehopf**
Mit seinen schwarz-weißen Schwungfedern, dem rötlichen Gefieder und der typischen Haube ist der elegante Wiedehopf unverwechselbar.

**7 Racke & Bienenfresser**
Die Insekten fressenden Vögel mit dem grünlich gelben Gefieder sieht man meist im Frühjahr.

**8 Kranich**
Kraniche und Jungfernkraniche überfliegen Zypern auf ihren Wanderungen zu und von den Brutgebieten in Kleinasien und den Wintergebieten in Afrika.

**9 Zypern-Schlanknatter**
Die endemische schwarze Natternart ist sehr scheu. Bisweilen sieht man sie äußerst flink über Landstraßen schlängeln.

**10 Schleuderschwanz**
Die etwa 30 Zentimeter lange Echsenart tummelt sich auf Felsen in Feldern und an Stränden.

# TOP 10 Naturparadiese

### 1 Akamas

Die zerklüftete, von Wacholder und Pinien bewachsene Halbinsel mit den letzten nicht erschlossenen Stränden Zyperns bildet die einzig verbliebene unberührte Landschaft der Insel. An der Küste legen Meeresschildkröten ihre Eier ab. Auf den unbefestigten Straßen, die man am besten mit einem Allradfahrzeug befährt, kann man dem Trubel der Ferienorte entfliehen *(siehe S. 32f)*.

### 2 Zederntal
**Karte B4**

Die riesigen Zedern in dem hoch in den Wäldern am Berg Tripylos gelegenen Tal gedeihen nur auf Zypern. Sie sind eine Varietät der Libanon-Zeder, die im Alten Testament erwähnt ist, in der Antike bei Schiffbauern beliebt war und vom Libanon bis zur Türkei vorkommt. Auch mit der nordafrikanischen Atlas-Zeder sind sie eng verwandt. Diese Zedernarten wachsen in Höhen von 1000 bis 2200 Metern.

### 3 Petra tou Romiou
**Karte B6**

Gemäß der griechischen Mythologie wurde Aphrodite, Göttin der Liebe und der Schönheit, an dem Strand aus dem Schaum des Meeres geboren. Die Kalksteinfelsen schleuderte einem antiken Epos zufolge Digenis Akritas, ein Grenzschützer im Byzantinischen Reich, den Schiffen arabischer Piraten entgegen.

Petra tou Romiou

Brücke über den Kelefos, Diarizos-Tal

### 4 Diarizos-Tal
**Karte C5**

In dem grünen Tal liegen Bauerndörfer und mittelalterliche Kirchen. Die venezianischen Brücken wurden einst errichtet, damit Kamel- und Maultierkarawanen das in den Bergen abgebaute Kupfererz nach Pafos transportieren konnten.

### 5 Kaledonische Wasserfälle

In einer dicht bewaldeten Schlucht stürzt ein herrlich kühler Wasserfall elf Meter tief hinab. Er ist vermutlich nach den Schwalben *(chelidonia)* benannt, die im Sommer über dem Becken kreisen *(siehe S. 104)*.

### 6 Tripylos
**Karte C4**

Der höchste Gipfel Westzyperns (1362 m) ragt über Kiefern- und Zedernwäldern auf. Er bietet einen fantastischen Blick über die unberührte Landschaft der Tilliria-Region und den Pafos-Wald im Südosten. Der Aufstieg auf den Tripylos ist schwerer als der auf den Olympos.

### 7 Xeros-Tal
**Karte B5**

Der Fluss, der das Tal durchzieht, trocknet im Sommer oft aus (*xeros* bedeutet »trocken«). Die restliche Zeit über führt er aber so viel Wasser, dass die Venezianer nahe dem Dorf Vretsia die Roudias-Brücke erbauten. Der Xeros speist das bei Anglern beliebte Asprokremmos-Reservoir.

### 8 Olympos

Der Gipfel des höchsten Bergs (1952 m) im Troodos-Gebirge ist oft schneebedeckt. Der Berg trägt denselben Namen wie das Massiv auf dem griechischen Festland, das in der griechischen Mythologie Sitz der Götter ist *(siehe S. 104)*.

**Blick vom Olympos**

### 9 Salzsee
**Karte D6**

Das einzigartige Feuchtgebiet lohnt vor allem im Winter und im Frühling den Besuch, wenn das Wasser Flamingos und andere Vögel anlockt.

### 10 Kap Arnaoutis & Bad der Aphrodite
**Karte A3**

An der rauen Spitze der Halbinsel Akamas ist der Sonnenuntergang über dem Mittelmeer besonders schön. Nur knapp acht Kilometer vom Kap entfernt plätschert ein Bach von Kalkfelsen in das Bad der Aphrodite hinab – ein Becken inmitten von Feigenbäumen und rosa blühendem Oleander *(siehe S. 32f)*.

## Pflanzen

**1 Anemone**
Anemonen zeigen ihre roten, rosafarbenen und weißen Blüten im Januar.

**2 Riesenknabenkraut**
Diese Orchideenart erreicht eine Höhe von bis zu einem Meter.

**3 Narzisse**
Mit Frühjahrsbeginn öffnen sich die weißen und gelben Blüten der Narzissen.

**4 Traubenhyazinthe**
Die Traubenhyazinthe mit ihren winzigen blauen, kugeligen Blütenbüscheln erblüht zu Frühjahrsanfang.

**5 Zypern-Tulpe**
Die nur auf Zypern heimische, dunkelrote Tulpe wächst wild auf der Halbinsel Akamas. Sie blüht im März und April.

**6 Lefkara-Tragant**
Die breitblättrige Blume gedeiht nur auf Zypern und dort nur an einem Standort: In den bewaldeten Hügeln rund um Lefkara.

**7 Kardone**
Die edle Verwandte der gemeinen Distel (mit lilafarbenen Blüten und stacheligen Blättern) und der Artischocke diente Menschen in schweren Zeiten als Nahrungsmittel.

**8 Gladiolen**
Unzählige dreiblättrige Gladiolen blühen Anfang April in bezaubernder Schönheit.

**9 Riesenfenchel**
Die hohe Doldenpflanze mit der grünlich gelben Krone ist giftig und somit für den Verzehr ungeeignet. Die Stängel wurden einst bei der Möbelherstellung verwendet.

**10 Zypern-Alpenveilchen**
Zypern-Alpenveilchen blühen im Herbst in den Farben Rosa und Weiß. Sie wachsen an geschützten Berghängen.

**Zypern-Alpenveilchen**

**Folgende Doppelseite** Felsformation am Kap Greco, Agia Napa

# **TOP10** Kinder

### ① Ocean Aquarium, Protaras

Karte J4 ▪ Protara – Cavo Greco 19 ▪ +357 23 741 111 ▪ Apr – Okt: tägl. 10 – 18 Uhr; Nov – März: tägl. 9 – 16 Uhr ▪ Eintritt ▪ ♿ ▪ www. protarasaquarium.com

Kinder begeistert die Unterwasserwelt, in der sich faszinierende Lebewesen – darunter Rochen und Raubfische wie Piranhas, Muränen und Haie – tummeln. In den Außenanlagen leben Krokodile, Pinguine und Schildkröten. Die Infotafeln sind englisch und griechisch beschriftet.

### ② CyHerbia Botanical Park & Labyrinth, Avgorou

Karte H4 ▪ E311 ▪ +357 99 915 443 Mai – Okt: tägl. 9 – 19 Uhr ▪ Eintritt ▪ www.cyherbia.com

Auf dem Gelände laden neun Kräutergärten, ein Lavendel-Labyrinth, ein Wäldchen und ein Irrgarten zur Erkundung ein. Außerdem finden Halloween-Partys, ein Lavendel-Festival (Juni) und andere Veranstaltungen statt.

### ③ CitySightseeing, Pafos

Karte A5 ▪ Hafen von Pafos ▪ tägl. 10 – 16 Uhr ▪ Eintritt ▪ www. city-sightseeing.com

Die Stadtrundfahrt in einem hellroten Doppeldeckerbus führt zu allen Hauptattraktionen von Pafos,

zum Beispiel zum Hafen, in die Altstadt, zum Kastell, zu den Königsgräbern und zur Kirche Agia Kyriaki.

### ④ Camel Park, Mazotos

Karte F5 ▪ E405 (Kiti – Mazotos) ▪ +357 24 991 243 ▪ tägl. 9 – 19 Uhr (Nov – März: bis 17 Uhr) ▪ Eintritt ▪ www.camel-park.com

Kamele dienten auf Zypern einst als Tragtiere. In dem Park werden Kamelritte angeboten. Es gibt auch einen Streichelzoo, einen Kinderspielplatz und einen Swimmingpool.

Camel Park, Mazoto

### ⑤ Fasouri Watermania Waterpark, Limassol

Die fast senkrecht hinabstürzende »Kamikaze Slide« ist eine von über 30 Rutschen in dem riesigen Park. Es gibt Attraktionen für Kleinkinder, Restaurants und Snackbars sowie einen Souvenirladen *(siehe S. 91).*

Fasouri Watermania Waterpark, Limassol

Elefanten, Pafos Zoo

## ⑥ Pafos Zoo, Pegeia

Karte A4 ▪ Xylomantrou, Agiou Georgiou ▪ +357 26 813 852 ▪ tägl. ab 9 Uhr (Schließzeiten variieren) ▪ Eintritt ▪ & ▪ www.pafoszoo.com

Kamele, Mufflons und Erdmännchen zählen zu den Bewohnern des nahe dem Strand Coral Bay gelegenen Zoos. Exotische Vögel leben in Gärten, die ihrem natürlichen Lebensraum nachempfunden sind. Zum Zoo gehören ein Restaurant, ein Laden und ein Kinderbauernhof.

## ⑦ WaterWorld, Agia Napa

In dem großen Wasserpark sprechen Rutschen wie »Drop to Atlantis« und »Fall of Icarus« ältere Kinder und Erwachsene an. Zu den Attraktionen für kleinere Kinder gehören der Spielplatz »Danaides Waterworks«, ein Wellenbad und der »Pegasus Pool« *(siehe S. 16f).*

## ⑧ Limassol Zoo

Karte D6 ▪ Vyronos, Stadtpark von Limassol ▪ tägl. ab 9 Uhr (Schließzeiten variieren) ▪ & ▪ Eintritt

Ein netter Spaziergang entlang der Uferpromenade Christodoulou Chatzipavlou führt zu dem hübsch gestalteten kleinen Zoo im Stadtpark von Limassol. In dem Tierpark sieht man Strauße und Geparden, in einer großen Voliere leben viele exotische Vögel. Es gibt einen großen Kinderspielplatz.

## ⑨ Aphrodite Waterpark, Pafos

Karte A5 ▪ Poseidonos, Kato Pafos ▪ +357 26 913 638 ▪ Mai & Juni: tägl. 10.30–17.30 Uhr; Juli & Aug: tägl. 10–18 Uhr; Sep & Okt: tägl. 10–17 Uhr ▪ Eintritt ▪ & ▪ www.aphroditewaterpark.com

Der Wasserpark bietet Spaß für die ganze Familie. Die über 30 Attraktionen reichen von Rutschen für die Kleinsten bis zu einem fünfspurigen »Mattenrennen« und anderen Herausforderungen für Wagemutige. Zudem sind ein Becken für Kleinkinder und ein Wellenbad vorhanden. In dem Wasserpark lässt sich die bisweilen drückende Sommerhitze sehr gut aushalten.

Yellow Submarine, Agia Napa

## ⑩ Yellow Submarine, Agia Napa

Karte J4 ▪ Hafen von Agia Napa ▪ +357 99 658 280 ▪ tägl. 10.30 Uhr, 12.15 Uhr & 14.30 Uhr ▪ Eintritt ▪ www.yellowsubmarinecy.com

Durch die Bullaugen des kleinen, 30 Fahrgäste fassenden U-Boots kann man die Unterwasserwelt bestaunen. Bei einem Halt können die Passagiere unter Anleitung durch Höhlen schwimmen. Bei einem weiteren Stopp füttert der Skipper Fische im Meer mit der Hand.

# TOP 10 Spezialitäten

**Das traditionelle Schmorgericht *afelia***

## 1 Afelia

Für das griechisch-zyprische Schmorgericht werden Schweinefleischwürfel über Nacht in Rotwein mariniert und mit Koriander, Kreuzkümmel, Zimt und Pfeffer gewürzt.

## 2 Mezedes

Wie auf dem griechischen Festland besteht auf Zypern eine traditionelle Mahlzeit aus *mezedes* – kleinen Portionen von Tintenfisch, Sardinen und anderen Meeresfrüchten, gegrilltem oder rohem Gemüse der Saison, Bauernsalat, *souvlaki* (Fleischspieße vom Holzkohlegrill), *sheftalia* (Würstchen), *tsatsiki* und anderen Dips. Dazu genießt man Wein, Bier oder den zyprischen Tresterbrand *zivania*.

## 3 Souvla

*Souvla* sind über Holzkohle gegrillte Spieße mit großen Stücken Lamm-, Schweine- oder Ziegenfleisch. Sie werden mit Pommes frites, grünem Salat oder Krautsalat, Tomaten, Zwiebeln und eingelegten scharfen Peperoni serviert.

## 4 Pites

Für eine *pita* werden Lagen von hauchdünnem Blätterteig Dutzende Male mit Butter oder Olivenöl bestrichen, gefaltet und erneut ausgerollt. Die Füllungen sind süß oder würzig pikant. Besonders beliebt sind das mit Oliven gefüllte *eliopita*, *tahinopita* (mit Sesampaste) und *kolokotes* – kleine Teigtaschen mit einer Füllung aus Kürbis, Weizenschrot und Rosinen.

## 5 Mousakas

Zyprer und Griechen nehmen gleichermaßen für sich in Anspruch, das reichhaltige Gericht erfunden zu haben. *Mousakas* ist bei

***Mousakas***

Familienfesten wie Hochzeiten und Taufen häufig das hausgemachte Hauptgericht, für das es wahrscheinlich so viele Rezepte wie Köche gibt. Die Grundzutat ist Hackfleisch von Rind oder Lamm, das mit Kräutern, Rotwein und Gewürzen angebraten, zwischen Auberginenscheiben geschichtet und im Ofen mit einer cremigen Béchamelsauce überbacken wird.

## 6 Sheftalia

Für das beliebte Gericht wird aromatisch gewürztes Schweine- oder Lammhackfleisch statt in eine Wursthülle in ein Fettnetz gefüllt, das beim Grillen zerfällt. *Sheftalia* werden oft als *meze* oder als Vorspeise serviert. Als Hauptgericht

**Vegetarische *mezedes***

werden sie von Salat und Pommes frites als Beilagen begleitet.

### 7 *Louvi me ta lachana*
Der herzhafte Salat ist nicht nur für Vegetarier ein Genuss. Er wird aus Schwarzaugenbohnen und grünem Gemüse der Saison zubereitet und mit Olivenöl und frisch gepresstem Zitronensaft angemacht.

### 8 *Koupepia*
Den Einheimischen zufolge schmecken die mit Schweine- oder Lammhackfleisch und Reis gefüllten Weinblätter im Frühling am besten, denn dann sind die jungen Blätter besonders frisch und zart. Im Winter wird das Gericht zuweilen mit Kohlblättern zubereitet.

### 9 *Melitzanes giachni*
Auf der türkischen Seite von Zyperns »Green Line« wird das äußerst schmackhafte Gericht *imam bayildi* (»der Imam fiel in Ohnmacht«) genannt. Für die vegetarische Köstlichkeit brät man Auberginen in Olivenöl an und serviert sie zusammen mit einer delikaten Sauce aus frischen Tomaten mit reichlich Knoblauch.

*Ofto kleftiko*

### 10 *Ofto kleftiko*
Das Gericht wird winters wie sommers gern gegessen. Mit Kräutern gewürztes Lammfleisch wird in einem gemauerten Ofen so zart gegart, dass es sich von selbst vom Knochen löst. Als Beilage wird in der Regel gebratenes Gemüse serviert.

**Mezedes**

**Gegrillter** *halloumi*

**1** *Halloumi*
Der halbfeste Käse aus Kuh-, Schafs- oder Ziegenmilch ist sehr aromatisch.

**2** *Tachini*
Die Paste aus Knoblauch, Zitronensaft, Olivenöl, Kreuzkümmel und fein gemahlenen Sesamkörnern wird mit Petersilie garniert.

**3** *Agrelia*
Der grüne und weiße »wilde Spargel«, ein klassisches Frühjahrsgericht, wird oft mit Rührei serviert.

**4** *Karaoli Giachni*
Kleine Schnecken sind eine beliebte griechisch-zyprische Delikatesse. Für dieses Gericht werden sie in Tomatensauce gekocht.

**5** *Zalatina*
Die Sülze wird meist mit würzigen Kapern gereicht.

**6** *Moungra*
Der eingelegte Blumenkohl wird vor allem im Winter und in der Fastenzeit als Beilage zu kleinen Fleischspeisen verzehrt.

**7** *Ochtapodi krasato*
Kleine Tintenfischstücke werden in Rotwein mariniert, langsam gekocht und mit Kreuzkümmel und Koriander gewürzt.

**8** *Barbouni*
Die kleinen gebratenen Seebarben sind lecker, haben aber viele Gräten.

**9** *Lountza*
Für das köstliche Gericht werden magere Streifen Schweinefilet mit Mastixblättern und -zweigen geräuchert.

**10** *Bourekia*
Die köstlichen, mit Quark und Honig gefüllten Blätterteigtaschen sind als Nachspeise unwiderstehlich.

# TOP 10 Weingüter & Brauereien

Weinanbau in den Ausläufern des Troodos-Gebirges

### ① Vouni Panayia Winery

Karte B4 ▪ Pano Panagia
▪ +357 26 722 770 ▪ tägl. 9–16.30 Uhr
▪ www.vounipanayiawinery.com

Boden und Klima in der Region um
Panagia schaffen perfekte Voraus-
setzungen für den trockenen weißen
Alina, den seltenen roten Yiannoudi
und den zarten Rosé Pampela. Die
Weine kann man auf dem Gut kosten
und erwerben.

### ② Tsangarides Winery

Karte B5 ▪ Lemona ▪ +357
26 722 777 ▪ Mo–Sa 9–17 Uhr
▪ www.tsangarideswinery.com

Der junge Familienbetrieb produziert in dem günstigen Mikroklima
der Region exzellente Bio-Weine.
Aus internationalen oder heimischen
Rebsorten entstehen Weine wie der
Rosé Shiraz und die trockenen Weißweine Chardonnay und Xynisteri.

### ③ Vlassides Winery

Karte C5 ▪ Koilani ▪ +357
97 789 560 ▪ Mo–Sa 11–16 Uhr
▪ www.vlassideswinery.com

Die hochwertigen Rot-, Rosé- und
Weißweine werden aus importierten
und heimischen Trauben gewonnen.
Besucher können vor Ort den exzellenten Shiraz, den edlen Opus Artis
(Cabernet Sauvignon / Merlot) und
den Sauvignon Blanc probieren.

### ④ Vasilikon Winery

Karte A4 ▪ Kathikas ▪ +357
26 633 999 ▪ tägl. 8.30–18 Uhr
▪ www.vasilikon.com

Der Betrieb war Pionier des Wein-
baus in der Region. Die trockenen
Weißweine Xynisteri und Morokanel-
la, der Rosé Einalia (Maratheftiko /
Shiraz) und der trockene Rotwein
Methy (Cabernet Sauvignon) sind
besonders empfehlenswert.

### ⑤ Tsiakkas Winery

Karte D5 ▪ Pelendri ▪ +357
25 991 080 ▪ Mo–Sa 10–16 Uhr
▪ www.tsiakkaswinery.com

Das in den Ausläufern des Troodos-
Gebirges gelegene Weingut stellt
aus importierten und heimischen
Rebsorten zahlreiche Rot-, Weiß-
und Roséweine her. Der Commandaria ist preisgekrönt.

Weinprobe, Tsiakkas Winery

### ⑥ Zambartas Wineries
Karte C5 ▪ Agios Ambrosios
▪ +357 25 942 424 ▪ Führungen &
Weinproben auf Anfrage ▪ www.
zambartaswineries.com
Für die Premium-Weine, darunter
ein exzellenter Rosé, werden meist
heimische Rebsorten verwendet.

### ⑦ Monte Royia
Karte B4 ▪ Kloster der Panagia
Chrysorrogiatissa ▪ +357 26 722 457
▪ Mai–Aug: tägl. 9.30–12.30 Uhr &
13.30–18.30 Uhr; Sep–Apr: tägl.
10–12.30 Uhr & 13.30–16 Uhr
Auf dem Weingut des Klosters wird
u. a. der trockene Weißwein Agios
Andronicos *(siehe S. 41)* gekeltert.

Aphrodite's Rock Microbrewery

### ⑧ Aphrodite's Rock Microbrewery
Karte B5 ▪ Tsada ▪ +357 26 101 901
▪ Führungen: Mo–Fr 14 Uhr; Restaurant: Mo 11.30–18 Uhr, Di & Mi 11.30–
21 Uhr, Do–Sa 11.30–22 Uhr, So 12–
17 Uhr ▪ www.aphroditesrock.com.cy
Die unter britischer Führung stehende Mikrobrauerei produziert
zehn verschiedene Craft-Biere.

### ⑨ Nelion Winery
Karte C5 ▪ Pretori ▪ +357
25 442 445 ▪ tägl. 9–18 Uhr
▪ www.nelionwinery.com
Das Gut im Diarizos-Tal bietet sechs
trockene und halbtrockene Weine.

### ⑩ Fikardos
Karte B5 ▪ Mesogi ▪ +357 26
949 814 ▪ Mo–Fr 8–13 Uhr & 14.30–
17 Uhr ▪ www.fikardoswines.com.cy
Der trockene weiße Amalthia Xynis-
teri-Sémillon und der Rosé Mataro
sind die besten Weine des ältesten
privaten Guts in der Region Pafos.

---

### Getränke

**Weine aus Zypern**

**1 Wein**
Die auf Zypern produzierten Weine
genießen weltweit großes Renommee.
Besucher sollten die aus heimischen
Rebsorten hergestellten Weine kosten.

**2 Ouzo**
Der vom griechischen Festland stammende Anisschnaps wird bei Zugabe
von Wasser milchig.

**3 Zivania**
Zu dem zyprischen Tresterbrand genießt
man üblicherweise Nüsse, getrocknetes
Obst oder *mezedes*.

**4 Brandy Sour**
Der Cocktail ist auf Zypern sehr beliebt.

**5 Filfar**
Das Rezept für den süßen, aus Orangen
hergestellten Likör stammt angeblich
aus Venedig.

**6 Mosphilo**
Der süßsaure Likör, eine Spezialität
Zyperns, wird aus den roten Beeren
des Weißdorns destilliert.

**7 Bier**
Die auf Zypern gebrauten Biere KEO,
Leon und Carlsberg sind auf der Insel
beliebt. Es sind aber auch viele weitere
ausländische Marken erhältlich.

**8 Kaffee**
Wie auf dem griechischen Festland trinkt
man auf Zypern gern *ellinikos kafes* (im
Kupferkännchen aufgebrühter Mokka)
und kalten *café frappé* (aufgeschäumter
Instantkaffee).

**9 Cocktails**
Es lohnt, Drinks mit regionalen Zutaten
wie einheimischen Kräutern zu kosten.

**10 Mineralwasser**
Wasser aus den Quellen im Troodos-
Gebirge und von der Halbinsel Akamas
ist in Flaschen erhältlich.

# TOP10 Kostenlose Attraktionen

Die »Green Line« teilt Zypern und Nikosia

### ① Spaziergang entlang der »Green Line«

Ein Spaziergang entlang der »Green Line« *(siehe S. 72)* in Nikosia führt an verlassenen Häusern, mit Graffiti besprühten Wänden und Wachposten von griechischen Soldaten und der UN vorbei. Die Ermou, die einst durch die Altstadt verlief und nun von Galerien und Ateliers gesäumt ist, bietet Blick auf die türkische Flagge und die Selimiye-Moschee.

### ② Festivals

Auf Zypern finden viele kostenlose Festivals und traditionelle Feste statt *(siehe S. 66f)*.

### ③ Stadtführungen

Die Cyprus Tourism Organization *(siehe S. 122)* bietet in Nikosia zweimal pro Woche kostenlose Führungen an. Die Touren (Dauer: 2 Std. 45 Min.) beginnen um 10 Uhr am Fremdenverkehrsbüro.

### ④ Staatliche Galerie für zeitgenössische Kunst

Karte P3 ■ Ecke Stasinou & Kritis, Nikosia ■ +357 22 458 228 ■ Mo–Fr 10–16.45 Uhr, Sa 10–12.45 Uhr ■ Aug geschl.
Auf drei Etagen sind Werke herausragender zyprischer Künstler des 20. Jahrhunderts zu sehen.

### ⑤ Küstenspaziergang

Von Pafos verläuft ein teilweise asphaltierter Küstenpfad zur Coral Bay. Die fünf Kilometer lange Strecke führt an Wiesen mit Wildblumen und unberührten Stränden vorbei. Bänke am Weg bieten herrliche Aussicht.

### ⑥ Antike Stätten

In Pafos sind viele antike Stätten kostenlos zu besichtigen. Dazu gehören die Katakomben der Kirche Agia Solomoni aus hellenistischer Zeit, die in Fels gehauenen Gräber von Agios Lambrianos, die frühbyzantinische Basilika Agia Kyriaki Chrysopolitissa und die St.-Paulus-Säule *(siehe S. 92f)*.

### ⑦ Klöster & Kirchen

Fast alle Klöster und Kirchen auf Zypern erheben keinen Eintritt. Sie bieten wunderbar erhaltene his-

Agia Kyriaki Chrysopolitissa, Pafos

torische Architektur sowie herrliche Fresken und Ikonen. Im Troodos-Gebirge befinden sich besonders interessante Sakralbauten, darunter die Kirche Agios Ioannis Lampadistis *(siehe S. 28)* und das Kloster Kykkos *(siehe S. 41)*. Auch die Ruinen der Kirche Agios Mamas in Agios Sozomenos *(siehe S. 74)* sind sehenswert.

### ⑧ Kunsthandwerk
**Büyük Han: Karte P2; Nord-Nikosia ■ Ktima Pafos: Karte A5**

Die Kunsthandwerksläden in der ehemaligen Karawanserei Büyük Han *(siehe S. 13)* und von Ktima Pafos lohnen den Besuch, auch wenn man nichts kaufen möchte.

Kunsthandwerksprodukte

### ⑨ Bibliothek des British Council
**Karte P3 ■ Aristotelous 1–3, Nikosia ■ Mo – Do 9 – 11 Uhr (Di & Mi auch 15.30 – 17.30 Uhr)**

In der Bibliothek können Englischkundige bei freiem Eintritt in Büchern über Zypern schmökern.

### ⑩ Blick auf Varosia
**Karte J4 ■ Cultural Centre of Occupied Famagusta, Evagorou 35, Deryneia ■ +357 23 740 860 ■ Mo – Fr 7.30 – 16.30 Uhr, Sa 9 – 16.30 Uhr**

In dem Kulturzentrum kann man mit Ferngläsern auf die seit der türkischen Invasion 1974 verlassene Stadt Varosia blicken.

---

**Zypern für wenig Geld**

**Markt von Limassol**

**1** Apartments für Selbstversorger bieten vor allem Familien preiswerte Übernachtungsmöglichkeiten. Lebensmittel kann man günstig in Läden und auf Märkten erstehen.

**2** Wer außerhalb der Hochsaison und der zyprischen Schulferien und nicht zu Weihnachten und Ostern auf die Insel reist, findet preisgünstigere Übernachtungsmöglichkeiten vor.

**3** Studenten, Lehrer und Senioren erhalten bei Vorlage eines gültigen Ausweises in vielen Museen ermäßigten Eintritt.

**4** In Restaurants empfehlen sich statt der teuren importierten Marken zyprische Weine. Die Produkte guter einheimischer Weingüter erreichen durchaus die Qualität der üblicherweise angebotenen französischen und griechischen Weine.

**5** Die Strände und Picknickplätze der Insel laden zu einem Mahl mit preisgünstig erworbenen Zutaten ein.

**6** In den Fremdenverkehrsämtern erhältliche Veranstaltungskalender informieren über kostenlose Events, die von Dorffesten über religiöse Feste bis zu Ausstellungen und Konzerten reichen.

**7** Wer für den Strandurlaub mit Handgepäck auskommt, erhält bei den Fluggesellschaften günstigere Konditionen.

**8** In der Hochsaison kann man vor allem in den Bars, Clubs und Restaurants auf Zypern durch Ferienarbeit Geld verdienen. Allerdings sind die Arbeitszeiten lang und die Bedingungen hart.

**9** Per Anhalter zu reisen, ist auf Zypern erlaubt und in ländlichen Gebieten durchaus üblich.

**10** In den *mageireia* – traditionellen Restaurants, die gute Hausmannskost servieren – speist man besonders günstig.

#  Festivals & Veranstaltungen

## ❶ Karneval, Limassol
**Feb – März**

Zehn Tage vor Beginn der Fastenzeit feiern die Bewohner Zyperns noch einmal kräftig mit Festen, Paraden und einfallsreichen, bunten Kostümen. Karneval wird auf der Insel in mehreren Orten gefeiert, in Limassol sind die Festlichkeiten jedoch besonders ausgelassen und bieten Besuchern ein farbenfrohes, fröhliches Spektakel.

Karnevalsparade, Limassol

## ❷ International Bellapais Music Festival
**Mai – Juni**  www.bellapaisfestival.com

Das in der Abtei Bellapais in Kyrenia stattfindende Festival umfasst Rezitationen und klassische Konzerte, bei denen Darsteller und Musiker von Weltrang auftreten.

## ❸ International Pharos Chamber Music Festival, Kouklia
**Mai – Juni** ■ www.pharosarts foundation.org

Das von der Pharos Arts Foundation veranstaltete Festival präsentiert junge und etablierte Musiker. Es findet im Lusignan-Herrenhaus von Kouklia (Palaipafos) statt, das zum UNESCO-Welterbe gehört. Die Schuhfabrik von Nikosia ist Schauplatz ähnlicher Veranstaltungen der Pharos Arts Foundation.

## ❹ Theater von Kourion
**Juni – Juli**

In dem malerisch gelegenen römischen Theater *(siehe S. 26)* werden meist in der dritten Juniwoche Stücke von Shakespeare zur Aufführung gebracht. Zudem geben im Sommer bekannte griechische Musiker in dem Freilichttheater Konzerte.

## ❺ Larnaka Festival
**Juli**

An dem Festival beteiligen sich viele Musiker, Tänzer und Schauspieler vom griechischen Festland, aus den Balkanstaaten und aus einigen osteuropäischen Ländern. Sie treten in der ganzen Stadt an antiken und mittelalterlichen Stätten sowie an Veranstaltungsorten auf, die auf das frühe 20. Jahrhundert zurückgehen.

## ❻ International Festival of Ancient Greek Drama, Pafos
**Juli – Aug** ■ www.greekdramafest.com

Bei dem Festival werden im antiken Odeion von Pafos Werke von antiken Dramatikern wie Sophokles, Euripides und Aristophanes aufgeführt. Die Veranstaltung mit internationalem Renommee zieht Darsteller und Regisseure aus Zypern, Griechenland und anderen Ländern an.

## ❼ Weinfestival, Limassol
**Aug – Sep**

Das Festival bietet Besuchern die Gelegenheit, die zahlreichen Weinsorten, die auf Zypern produziert werden, unentgeltlich zu probieren: Die Winzer von Limassol feiern die Weinlese, indem sie im hübschen Stadtpark zehn Tage lang Verkostungen veranstalten. Das Festival umfasst zudem Freiluftkonzerte und abendliche Tanzveranstaltungen.

## 8 Commandaria-Festival
**Sep**

Im Herbst feiern die Weindörfer im Kouris-Tal – Alassa, Agios Georgios, Doros, Lania, Monagri und Silikou – den Beginn der Weinlese. Auf den Straßen wird getanzt und es wird reichlich Wein ausgeschenkt. In der Region wird der zyprische Dessertwein Commandaria hergestellt – ein süßliches, schweres Getränk.

## 9 Ayia Napa International Festival
**Sep**

Ende September kann man an drei Abenden auf dem Hauptplatz von Agia Napa kostenlose Konzerte von zyprischen Ensembles und renommierten Musikern vom griechischen Festland genießen. Auch Auftritte von Volkstanzgruppen aus verschiedenen Ländern sind Bestandteil des Festivals.

**Ayia Napa International Festival**

## 10 Pafos Aphrodite Festival
**Sep ■ www.pafc.com.cy**

Anfang September werden vor dem Kastell in Pafos Opern mit international besetzten Ensembles aufgeführt. Das dreitägige Festival genießt unter den auf Zypern stattfindenden Veranstaltungen großes Renommee.

**Pafos Aphrodite Festival**

---

**Orthodoxe Festtage**

**Anzünden von Kerzen, Ostersonntag**

**1 *Agios Vassilios***
Den Neujahrstag feiert man auf Zypern mit einem Festmahl und *vasilopita*. Die in den Kuchen eingebackene Münze soll dem Finder Glück bringen (1. Jan).

**2 *Ta Fota* (Dreikönigstag)**
In den Hafenorten konkurrieren junge Männer um die Ehre, ein Kruzifix aus dem Meer zu bergen (6. Jan).

**3 *Kathara Deftera***
Zu Beginn der vorösterlichen Fastenzeit veranstalten viele Familien ein Picknick im Freien und lassen dabei bunte Drachen steigen (Feb – März).

**4 *Evangelismos* (Mariä Verkündigung)**
Auf diesen Tag fällt auch der griechische Nationalfeiertag (25. März).

**5 Karfreitag**
Bei Einbruch der Dunkelheit wird die geschmückte Bahre Christi durch die Straßen getragen (Apr / Mai).

**6 Karsamstag**
Nach der Mitternachtsmesse trägt man eine an einer geweihten Flamme entzündete Kerze nach Hause (Apr / Mai).

**7 Ostersonntag**
In den Dörfern brät man Ziegen, Städter suchen Grilllokale auf (Apr / Mai).

**8 *Kataklysmos***
In den Küstenorten wird Noahs Rettung vor der Sintflut mit Prozessionen und Musik gefeiert (Mai / Juni).

**9 Mariä Himmelfahrt**
An dem Tag werden Pilgerfahrten zu den zahlreichen Marienkirchen auf Zypern unternommen (15. Aug).

**10 Weihnachten**
Weihnachten wird überwiegend im Kreis der Familie gefeiert (25. Dez).

# Regionen

Hafen von Kyrenia, Nordzypern

# ⬛⬛ Zentralzypern

Das abwechslungsreiche Landesinnere bietet die Möglichkeit, das unverfälschte Zypern kennenzulernen: In Nikosia und in den Ausläufern des Troodos-Gebirges

mit den altmodischen Dörfern und uralten Kirchen spielt der Fremdenverkehr eine weniger große Rolle als in den Küstenregionen. Nikosia, die Hauptstadt Zyperns, lockt mit besonderem Flair. Die Gassen der mittelalterlichen Altstadt säumen viele Cafés und Läden. Durch die Stadt verläuft die Trennungslinie zwischen dem griechischen und dem türkischen Teil der Insel.

Thron aus Elfenbein, Zypern-Museum

## ① Strovolos

**Karte F3 ▪ Panzyprisches Geografiemuseum: Strovolou 100; +357 22 470 407; Mo – Fr 8 –15 Uhr; Eintritt**
Hauptattraktion in Strovolos, einem Vorort von Nikosia, ist das in einem restaurierten historischen Gebäude untergebrachte Panzyprische Geografiemuseum. Das auf Zypern einzigartige Museum widmet sich der Naturgeschichte der Insel. Unter den ausgestellten Mineralien spielt Kupfer, das den Reichtum Zyperns in vorchristlicher Zeit begründete, eine besonders wichtige Rolle. Weitere

Abteilungen beschäftigen sich mit der Fauna der Insel und historischen Landkarten. Den Ortsmittelpunkt von Strovolos bildet die Kirche Agios Georgios (18. Jh.), die, wie viele Gotteshäuser in dieser Region, dem hl. Georg geweiht ist.

## ② Nikosias Altstadt

Zyperns Hauptstadt prägen mittelalterliche, kolonialzeitliche und moderne Einflüsse. Innerhalb des mächtigen, von den Venezianern erbauten Festungsrings erstreckt sich das autofreie Viertel Laïki Gei-

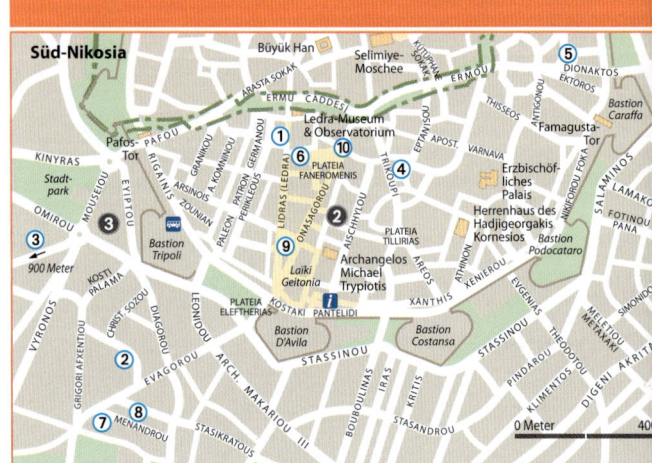

**Blick auf Nikosia**

**④ Aglantzia**
**Karte F3**

Der heutige Vorort von Nikosia war vor nicht allzu langer Zeit noch eine eigenständige Gemeinde, die von Landwirtschaft, Viehzucht und Bergbau lebte. Der Ort, dessen Wurzeln bis in das Jahr 3888 v. Chr. zurückreichen, besitzt noch immer dörfliches Flair. Er bezaubert mit hügeligen Gassen, mehreren Parks und einigen Kirchen aus dem 18. Jahrhundert. Die Kirche Agios Georgios ist besonders bemerkenswert: Sie besitzt eine holzgeschnitzte Ikonostase, die Bilder von Körben und Blumen zieren.

tonia. Die Gassen säumen historische Gebäude, Cafés und Souvenirläden. Die vielen Museen in Nikosia widmen sich den verschiedensten Themen der Stadtgeschichte – von der Antike bis zu ausgestorbenem Kunsthandwerk *(siehe S. 12f)*.

**③ Zypern-Museum**

Das Museum präsentiert Artefakte, die bei Ausgrabungen auf ganz Zypern freigelegt wurden. Die von Kunsthandwerkern in über 4000 Jahren gefertigten Skulpturen, Tonwaren, Schmiedearbeiten und Malereien illustrieren die lange Besiedelungsgeschichte der Insel *(siehe S. 14f)*.

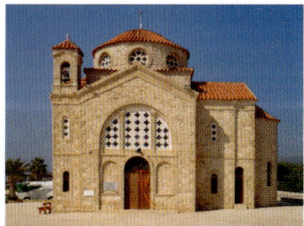

**Agios Georgios, Aglantzia**

**Zentralzypern**

Kato Zodeia
Filia
Mammari
**Siehe Karte Süd-Nikosia, links** ⑥ Kaïmakli
Astromeritis
Agios Dometios ⑤
Kokkinotrimithia  89
Strovolos ①  ④ Aglantzia
Peristerona ⑩
Akaki
Petra
Orounta
Meniko
Pano Lakatamia
⑨
Vizakia
Pano Deftera ⑧
Latsia ⑦
Nikitari
**Lefkosia**
Tseri
Agios Sozomenos ⑦
Ergates
Malounda
Pera
Potamia
Klirou ⑤
⑥  ⑩
Pera Chorio ③  ⑨ Dali
Fikardou ④
Agia Varvara
Lympia
Kapedes
Alambra
⑤ ②
*Gialias*
① Lythrodontas ⑧
0 Kilometer  8

① **Top-10-Attraktionen**
*siehe S. 70–73*

① **Cafés & Restaurants in Nikosia**
*siehe S. 75*

① **Dörfer & Kirchen**
*siehe S. 74*

### ⑤ Agios Dometios
**Karte F3**

Zentrum von Agios Dometios ist die hübsche gleichnamige Kirche aus dem späten 17. Jahrhundert. Der Vorort von Nikosia hat seinen beschaulichen dörflichen Charme bewahrt. Er ist ein wundervolles Ausflugsziel für einen entspannten Spaziergang oder einen Cafébesuch.

Agios Dometios

### ⑥ Kaïmakli
**Karte F3**

In dem Vorort von Nikosia befinden sich zwei sehenswerte Kirchen: Die im 18. Jahrhundert erbaute Kirche Archangelos Michael und die Ende des 19. Jahrhunderts errichtete Agia Varvara sind zwar für zyprische Verhältnisse nicht besonders alt, lohnen aber wegen der prächtigen Ausstattung mit Schnitzereien, in Silberrahmen eingefassten Ikonen und für den orthodoxen Glauben typischen Votivkerzen den Besuch.

Agia Varvara, Kaïmakli

### »Green Line«

Die »Green Line« teilt Zypern und die Stadt Nikosia. Sie markiert das südliche Ende des Vormarsches der türkischen Truppen im Jahr 1974. Den Grenzstreifen – ein Niemandsland mit verlassenen Häusern und Läden – kennzeichnen Metallzäune, Stacheldraht und Sandsäcke. Er ist militärisches Sperrgebiet und teilweise vermint. Ausländische Besucher können die Pufferzone an sieben Übergängen überqueren. Fußgängern stehen die Übergänge in der Straße Ledra und am Ledra Palace Hotel in Nikosia offen. Mit dem Taxi gelangt man in Agios Dometios, Pergamos, Strovilia, Limnitis und Zodia über die Grenze. Mietwagenfirmen haben individuelle Vorgaben für Fahrten in den jeweils anderen Landesteil. Beim Übergang ist stets der Reisepass oder Personalausweis vorzuzeigen.

### ⑦ Latsia
**Karte F4** ▪ Carlsberg-Brauerei: Lemesos 1; +357 22 585 858; www.photiadesgroup.com ▪ Naturkundemuseum Zyperns: auf dem Gelände der Carlsberg-Brauerei; +357 22 585 834; Mo – Fr 8.30 –13 Uhr; www.natmuseum.org.cy

Die nahe dem Ort gelegene Kakaristra-Schlucht kann man auf eigene Faust oder mit einem Führer erkunden. Am Ortsrand befinden sich die Carlsberg-Brauerei und das Naturkundemuseum Zyperns, die beide von den Photos Photiades Group betrieben werden. Die Brauerei ist zu besichtigen. Das Museum zeigt versteinerte und ausgestopfte Tiere.

### ⑧ Lythrodontas
**Karte E4**

Das 25 Kilometer südlich von Nikosia gelegene Dorf ist für die Olivenhaine bekannt. Angeblich gibt es in

Lythrodontas mehr Olivenbäume als in allen anderen Dörfern Zyperns. »Avli«, ein bezaubernder Komplex von restaurierten historischen Häusern, bietet Besuchern Unterkunft. Das verlassene Kloster Profitis Ilias am Dorfrand ist sehenswert.

**⑨ Dali**
**Karte F4**

Das vom Fremdenverkehr nahezu unberührte Dorf bietet Einblick in das traditionelle Leben auf Zypern. Es besteht aus kaum mehr als der Hauptstraße, an der Läden, Cafés und die Kirche liegen. Der Ortsname leitet sich von dem in der Antike bedeutenden Stadtstaat Idalion *(siehe S. 74)* ab. Die in der Nähe des Dorfs gelegene Stätte wird seit geraumer Zeit von Archäologen erforscht.

**Ruinen einer Kirche, Agios Sozomenos**

**⑩ Potamia**
**Karte F4**

In dem Dorf an der Pufferzone sind die Auswirkungen der Teilung der Insel erkennbar: Bis 1974 setzte sich die Einwohnerschaft zu fast gleichen Teilen aus Griechen und Türken zusammen. Heute gibt es in Potamia nur noch wenige türkische Zyprer. In den einst von Türken bewohnten Häusern leben griechische Zyprer, die den Norden verlassen mussten. In dem nahe Potamia gelegenen Weiler Agios Sozomenos *(siehe S. 74)* stehen die Ruinen einer im Lusignan-Stil erbauten Kirche (16. Jh.).

▶ Startpunkt dieses Shopping-Vormittags in Nikosia ist das Nordende der **Odos Stasikratous**. Folgen Sie der von Designerläden gesäumten Straße gen Süden. An der belebten **Leoforos Archiepiskopou Makariou III** können Sie in einem der schicken Cafés rasten.

Überqueren Sie die **Plateia Eleftherias**, um in das sanierte Altstadtviertel **Laïki Geitonia** *(siehe S. 13)* zu gelangen. Die in den Läden angebotenen Souvenirs reichen von authentisch und geschmackvoll bis zu witzig oder Kitsch. Die Galerie **Diachroniki** in der Odos Arsinois 84 verkauft Drucke und Stiche. Der Shop des **Leventis-Museums** *(siehe S. 38)* bietet Nachbildungen von byzantinischen Silberwaren.

Nördlich der Plateia Eleftherias erstreckt sich die **Odos Lidras** (Ledra), die Haupteinkaufsstraße von Nikosia, die auch viele Cafés und Eisdielen bietet. Man kann der Straße über die »Green Line« nach Nord-Nikosia *(siehe S. 109)* folgen. Im türkischen Teil der Stadt verwandelt sich die Einkaufsstraße in einen Markt mit nahöstlichem Flair.

Auf griechischer Seite empfiehlt es sich, die **Plateia Faneromenis** anzusteuern. An dem Platz befinden sich viele Cafés, Bars und Kunsthandwerksläden.

Wenn sich nach dem Shoppingbummel ein Hungergefühl einstellt, können Sie zum Mittagessen in einer der zahlreichen Tavernen an der Odos Lidras oder der **Odos Onasagorou** einkehren.

Siehe Karte S. 70f

# Dörfer & Kirchen

### ① Machairas
Karte E4 ■ +357 22 359 334
■ variierende Öffnungszeiten

Es heißt, das Kloster wurde 1148 an dem Ort erbaut, an dem zwei Eremiten eine Marienikone fanden, die der Apostel Lukas fertigte. Diese gilt als wundertätig, da sie 1530 und 1892 Brände überstand *(siehe S. 40)*.

Das Kloster Machairas

### ② Agios Irakleidios
Karte E4 ■ +357 22 623 950
■ Mo – Fr 8 –12.30 & 15.30 –18 Uhr, So 6 –18 Uhr

Das Kloster zählt zu den ältesten christlichen Gemeinschaften Zyperns. Die Kapelle datiert aus dem 15. Jahrhundert *(siehe S. 40)*.

### ③ Pera Chorio
Karte F4

Die Wandgemälde (12. Jh.) in der Kirche Agioi Apostoloi in dem nahe Dali gelegenen Dorf zeigen unter anderem Schäfer, Engel und eine Waschung des Jesuskindes.

### ④ Fikardou
Karte E4

Fikardou ist ein faszinierendes Museumsdorf. Der Erhalt der traditionellen Architektur wurde mit Preisen gewürdigt *(siehe S. 42)*.

Das Bergdorf Fikardou

### ⑤ Tamassos
Karte E4 ■ +357 22 622 619
■ Mitte Apr – Mitte Sep: Mo – Fr 9.30 – 17 Uhr; Mitte Sep – MItte Apr: Mo – Fr 8.30 –16 Uhr ■ Eintritt

Tamassos war eine der ersten Städte auf Zypern (ca. 7. Jh. v. Chr.). Es wurde durch die in der antiken Welt berühmten Kupferminen reich.

### ⑥ Idalion
Karte F4 ■ Museum: +357 22 444 818; Mo – Fr 8.30 –16 Uhr; Eintritt

Der Sage nach wurde Adonis nahe dem antiken Stadtstaat Idalion von einem Eber getötet. Seine Blutstropfen brachten die in dem Gebiet blühenden roten Blumen hervor. Das Museum zeigt Funde aus der für Besucher geschlossenen Stätte.

### ⑦ Agios Sozomenos
Karte F4

In dem verlassenen Weiler nahe Potamia *(siehe S. 73)* stehen die Ruinen der gotischen Kirche Agios Mamas.

### ⑧ Panagia Chrysospiliotissa
Karte E4 ■ Deftera ■ tägl. Sonnenaufgang bis Sonnenuntergang

In den Katakomben der frühchristlichen Kirche fanden Verfolgte Schutz.

### ⑨ Festung La Cava
Karte F3 ■ Strovolos
■ für Besucher geschl.

Von der Lusignan-Festung (14. Jh.) sind Mauerreste verblieben.

### ⑩ Peristerona
Karte E3

Die Kirche des Dorfs (10. Jh.) zieren Wandgemälde (12. –15. Jh.).

# Cafés & Restaurants in Nikosia

**Preiskategorien**
Preis für ein Drei-Gänge-Menü pro Person mit einer halben Flasche Wein, inklusive Steuern und Service.

€ unter 25 €  €€ 25 – 50 €  €€€ über 50 €

**① Kath'Odon**
Karte P2 ▪ Lidras 62
▪ +357 22 661 656 ▪ €

Die nahe der »Green Line« gelegene Taverne ist eine der ältesten an der Haupteinkaufsstraße von Nikosia. Sie bietet exzellente Fleischgerichte und abends gelegentlich Livemusik.

Gegrillter *halloumi*

**② Pantopoleio Kali Orexi**
Karte N3 ▪ Vasileos Pavlou 7
▪ +357 22 675 151 ▪ €€

Das beliebte Restaurant nahe dem Zypern-Museum serviert griechische Gerichte mit zyprischem Touch. Die Kürbisquiche mit Minze und die Hackfleischbällchen mit Chios-Mastix sind besonders empfehlenswert.

**③ Syrian Arab Friendship Club**
Vasilisis Amalias 17, Agios Dometios
▪ +357 22 776 246 ▪ €

In dem Lokal mit hübschem Garten genießt man nahöstliche *mezes* und zyprische Desserts.

**④ Zanettos**
Karte P2 ▪ Trikoupi 65 ▪ +357 22 765 501 ▪ www.zanettos.com ▪ €

Nach den köstlichen *mezedes* in dem alteingesessenen Lokal stehen üppige Desserts zur Wahl.

**⑤ Inga's Veggie Heaven**
Karte Q2 ▪ Dionaktos 2
▪ +357 22 344 674 ▪ €

Die isländische Küchenchefin bietet täglich wechselnde vegetarische Gerichte wie Linsenburger und gefüllte Paprikaschoten an. Das Café liegt an einem von Kunsthandwerksläden gesäumten kleinen Platz.

**⑥ Ta Kala Kathoumena**
Karte P2 ▪ Nikokleous 19 – 21
▪ +357 22 664 654 ▪ €

In dem exzellenten *kafeneio* nahe der Plateia Faneromenis kann man zyprischen Kaffee, Kräutertee und eingelegte Früchte kosten.

**⑦ Barrique Wine & Deli**
Karte N3 ▪ Menandrou 4
▪ +357 22 663 777 ▪ €€

Der Laden, in dem Weine und Delikatessen verkauft werden, bietet einen Gastraum, in dem Nudelgerichte, Salat mit Entenbruststreifen, gefüllte Champignons, kalte Platten und andere Speisen serviert werden.

**⑧ Pyxida**
Karte N3 ▪ Menandrou 5 ▪ +357 22 445 636 ▪ www.pyxidafishtavern.com ▪ €€€

Das Restaurant bietet eine hervorragende Auswahl an Fischgerichten.

**⑨ Avo**
Karte P3 ▪ Onasagorou, Ecke Apollonos ▪ +357 22 661 172 ▪ €

Das Lokal empfiehlt sich für Besucher, die *lahmacun* genießen möchten – die türkische Pizza wird in der Altstadt von Nikosia vielerorts als Snack angeboten.

**⑩ Mathaios**
Karte P2 ▪ Plateia 28 Oktovriou
▪ +357 22 755 846 ▪ abends & So geschl. ▪ €

Das nahe der Araplar-Moschee gelegene Lokal serviert traditionelle Speisen wie Wachteln, *koupepia* (siehe S. 61), Kaninchen, Tintenfisch und Artischocken mit Bohnen.

Siehe Karte S. 70

# TOP 10 Südostzypern

Das Nachtleben und die Strände an der Südostküste locken im Sommer zahlreiche Urlauber an. Agia Napa, Protaras und Larnaka sind die beliebtesten Ziele. Doch die Region bietet viele weitere Attraktionen: steinzeitliche Siedlungen, byzantinische Kirchen mit alten Ikonen und Fresken sowie hübsche Dörfer, in denen man Kunsthandwerksprodukte erstehen oder in einem Café die Ruhe genießen kann.

Sandstrand, Protaras

**Südostzypern**

**1 Protaras**
Karte J4

Der neun Kilometer von Agia Napa entfernt an der Ostküste gelegene Ort ist wegen der Sandstrände, die sich an seichtem, türkisfarbenem Wasser erstrecken, bei Urlaubern beliebt. In den Restaurants und Bars an der Hauptstraße herrscht ein reges Nachtleben. Zu den vielen Sehenswürdigkeiten in der Umgebung zählt die Fig Tree Bay *(siehe S. 81)*.

Panagia tis Angeloktistis

**2 Königliche Kapelle der Agia Ekaterini**
Karte F5 ▪ Pyrga ▪ +357 96 473 060 ▪ Mitte Apr – Mitte Sep: Mo – Fr 9.30 – 17 Uhr; Mitte Sep – Mitte Apr: Mo – Fr 8.30 – 16 Uhr ▪ Eintritt

Die 1421 von König Janus und dessen Ehefrau Charlotte von Bourbon erbaute Dorfkapelle birgt Fragmente einzigartiger Fresken.

**3 Panagia tis Angeloktistis**
Karte G5 ▪ Kiti ▪ +357 24 424 646 ▪ tägl. 7 – 18 Uhr (So ab 9.30; Okt – Apr: bis 16.45 Uhr) ▪ Spende erbeten

Das Apsismosaik der im 11. Jahrhundert erbauten Kirche stammt aus dem Vorgängerbau (6. Jh.). Es zeigt Maria mit dem Jesuskind auf ihrem linken Arm, flankiert von den Erzengeln Gabriel und Michael.

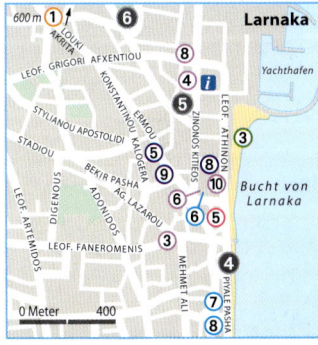

**① Top-10-Attraktionen**
*siehe S. 77 – 79*

**① Restaurants**
*siehe S. 85*

**① Dies & Das**
*siehe S. 80*

**① Strände**
*siehe S. 81*

**① Cafés & Lokale**
*siehe S. 84*

**① Bars & Pubs**
*siehe S. 82*

**① Clubs**
*siehe S. 83*

Kastell, Larnaka

### ④ Kastell & Mittelalter-museum, Larnaka

Karte M6 ▪ Leoforos Athinon ▪ +357 24 304 576 ▪ Mitte Apr–Mitte Sep: Mo–Fr 8–19.30 Uhr, Sa & So 9.30–17 Uhr; Mitte Sep–Mitte Apr: Mo–Fr 8–17 Uhr ▪ Eintritt

Die mittelalterliche Festung mit den großen, aufs Meer gerichteten Kanonen bietet schönen Blick auf die Bucht von Larnaka. Das im Kastell ansässige Mittelaltermuseum zeigt Schwerter, Dolche, Rüstungen und Musketen sowie eine Sammlung von Keramiken aus dem 12. bis 18. Jahrhundert. Außerdem sind Exponate aus der Zeit der byzantinischen und der osmanischen Herrschaft sowie des Königreichs Zypern zu sehen. Im Sommer wird die Burganlage zuweilen als Freilichttheater genutzt.

### ⑤ Pierides-Museum, Larnaka

Das Museum zeigt Artefakte, die auf ganz Zypern geborgen wurden, darunter rotfigurige Vasen, römische Glaswaren und 5000 Jahre alte Terrakottafiguren. Besucher können auch traditionelle Stickereien, Spitzen und Silberschmuck sowie eine große Sammlung historischer Landkarten bewundern *(siehe S. 18f)*.

### ⑥ Archäologisches Museum, Larnaka

Karte L4 ▪ Plateia Kalograion ▪ +357 24 304 169 ▪ Mo–Fr 8–16 Uhr, Sa 9–16 Uhr ▪ Eintritt ▪ &

Das Museum bietet eine hervorragende Einführung in die Archäologie Südostzyperns. Im Garten sind verzierte Säulentrommeln und Kapitelle aus Kalkstein ausgestellt. Sie stammen wie die steinzeitlichen, bronzezeitlichen und römischen Exponate aus Choirokoitia, Kalavasos und weiteren Ausgrabungsstätten in der Region *(siehe S. 39)*.

### ⑦ Agia Napa

Agia Napa liegt an der Südküste der Halbinsel, die sich zu Zyperns Südostspitze verjüngt. Der Ferienort ist für die Clubszene bekannt, der von Bars und Cafés gesäumte Hauptplatz ist ein beliebter Treffpunkt. Der Ort bietet jedoch weitere Attraktionen: Nicht weit vom Urlaubertrubel entfernt bildet das mittelalterliche Kloster Agia Napa eine ruhige Oase. Der »kleine Hafen« Limanaki verströmt noch immer dörfliches Flair, auch wenn dort nur noch selten Fischerboote

**Felsformation, Agia Napa**

anlegen – es dominieren Ausflugs-
boote, die Besucher zu abgelegenen
Stränden bringen *(siehe S. 16f)*.

**8  Lefkara**
Karte E5 ■ Museum der Stickerei
& Silberschmiedekunst: +357 24 342
326; Mitte Apr – Mitte Sep: tägl. 9.30 –
17 Uhr; Mitte Sep – Mitte Apr: tägl.
8.30 – 16 Uhr; Eintritt
Lefkara ist für Silberschmiedearbei-
ten und die Herstellung von Spitze
bekannt. Läden verkaufen Schmuck
und Stickereien. Das kleine Museum
*(siehe S. 39)* im Ort präsentiert traditionelle Stickarbeiten und beeindruckende Zeugnisse der Silberschmiedekunst.

Decke im Kloster Stavrovouni

**9  Kloster Stavrovouni**
Karte F5 ■ +357 22 533
630 ■ Apr – Aug: tägl. 7 – 12 Uhr
& 15 – 19 Uhr; Sep – März: tägl.
7 – 11 Uhr & 14 – 17 Uhr
Das von 20 Mönchen bewohnte,
in 750 Metern Höhe am Rand des
Troodos-Gebirges gelegene Kloster
gründete die Mutter Konstantins I.
Es birgt der Legende nach einen
Splitter des Kreuzes Christi. Nur
Männer haben Zutritt *(siehe S. 40)*.

**10  Jungsteinzeitliche
Siedlung Choirokoitia**
Karte F5 ■ +357 24 322 710 ■ tägl.
8.30 – 19.30 Uhr (Mitte Sep – Mitte
Apr: bis 17 Uhr) ■ Eintritt
Die Relikte stammen vermutlich von
einer vor 9000 Jahren existierenden
Siedlung. Die Stätte zählt zum Welt-
erbe der UNESCO. Einige der Rund-
häuser wurden rekonstruiert.

**Wanderung**

▶ Die zwölf Kilometer lange Wanderung dauert drei bis vier Stunden – inklusive Pausen zum
Baden in Meer. Alternativ kann
man in Agia Napa ein Fahrrad
mieten und die Landspitze auf
einem asphaltierten Weg umfah-
ren. Nehmen Sie, vor allem im
Sommer, ausreichend Wasser mit
und verwenden Sie Sonnencreme
mit hohem Lichtschutzfaktor.

Die Tour beginnt am **Hafen von
Agia Napa** und führt an der Küste
entlang in östlicher Richtung zum
**Strand von Limanaki** und dem
Strand **Kryo Nero** *(siehe S. 81)*.
Legen Sie an dem vier Kilometer
östlich von Agia Napa gelegenen
Strand **Limnara**, an dem sich das
Kermia Beach Bungalow Hotel
befindet, eine Pause ein, ehe Sie
die Wanderung entlang der fel-
siger werdenden Küste zum **Kap
Greco** *(siehe S. 17)* fortsetzen.

Die Strecke führt durch den
**Nationalpark Kap Greco**. In dem
einst üppig mit Wald bewachsenen Gebiet gedeihen heute
vorwiegend Wacholderbüsche.
Am Weg liegen die Ruinen eines
Aphrodite-Tempels. Nun erreichen Sie den Kiesstrand **Konnos**
*(siehe S. 81)*, der sich in einer hübschen kleinen Bucht befindet. Die
Bucht wird von der weiß ge-
tünchten Kirche **Agii Anargyri**
überragt.

Nach einem Bad im türkisfarbe-
nen Meer führt Sie die Wande-
rung in den Ferienort **Protaras**.
Gönnen Sie sich in einem der
Cafés einen erfrischenden Drink,
bevor Sie mit dem Taxi oder den
Bussen 101 oder 102 nach Agia
Napa zurückkehren.

Siehe Karte S. 76f

# Dies & Das

**(1) Kition**
Karte G5 ▪ Archiepiskopou
Kyprianou, Chrysopolitissa, Larnaka
▪ +357 24 304 115 ▪ Mitte Apr – Mitte
Sep: Mo – Fr 9.30 – 17 Uhr; Mitte Sep –
Mitte Apr: Mo – Fr 8.30 – 16 Uhr
▪ Eintritt ▪ &

Fundamente von Tempeln aus dem
13. Jahrhundert v. Chr. zeugen von
einer unter den Straßen Larnakas
begrabenen Stadt, die die Achaier
bauten. Außerdem sind Relikte
von Opferaltären und von einer
Kupferschmiede vorhanden.

**(2) Tochni**
Karte E5

Die Gassen des von Weinbergen
umgebenen Dorfs säumen traditionelle Steinhäuser *(siehe S. 42)*.

**(3) Kalavasos**
Karte E5

Die Häuser des Dorfs liegen an den
Ufern eines Flusses. In der nahe ge-
legenen jungsteinzeitlichen Siedlung
Tenta wurden Skelette von frühen
Siedlern gefunden *(siehe S. 42)*.

**(4) Makronissos-Gräber**
Die 19 Gräber und die Gebets-
stätte wurden in der hellenistischen
Epoche in den Fels geschlagen, aber
erst während der byzantinischen
und römischen Herrschaft genutzt
*(siehe S. 17)*.

**(5) Deryneia**
Karte J4

Von dem Dorf aus blickt man über
die »Green Line« in den türkisch

besetzten Norden der Insel. Die Er-
öffnung eines Übergangs für den
Autoverkehr nach Famagusta ist
geplant.

**(6) Sotira**
Karte J4

Der Name des Dorfs geht auf die be-
deutendste der fünf byzantinischen
Kirchen im Ort, Metamorfosis tou
Sotiros, zurück.

**(7) Liopetri**
Karte J4

Die vor den Läden hängenden Körbe
beweisen, dass die Korbmacherei in
diesem Dorf seit Jahrhunderten
blüht und gedeiht.

**(8) Agios Antonios**
Karte G4 ▪ Kelia ▪ +357 99 572
202 ▪ auf Anfrage

Die Fresken (10. bis 12. Jh.) in der
Kirche zählen zu den ältesten auf
Zypern.

**(9) Hala Sultan Tekke**
Karte G5 ▪ Dromolaxia ▪ tägl.
8.30 – 19.30 Uhr (Mitte Sep – Mitte Apr:
bis 17 Uhr) ▪ &

Die Moschee birgt das Grab von
Umm Haram, der Tante des Prophe-
ten Mohammed. Im Winter und im
Frühling spiegeln sich Minarett und
Kuppeln im Salzsee von Larnaka.

**(10) Potamos tou Liopetriou**
Karte J4

Der kleine Fischerhafen bietet hervorragende Tavernen *(siehe S. 17)*.

**Boote im Hafen Potamos tou Liopetriou**

# Strände

**Der Strand Konnos**

## ① Konnos
**Karte J4**

Der in einer kleinen Bucht gelegene wunderschöne Strand ist ein beliebtes Ziel für Tagesausflüge von Protaras und Agia Napa. Es gibt mehrere Parkplätze. Auch mit dem Boot ist der Strand gut zu erreichen.

## ② Mackenzie Beach, Larnaka
**Karte G5**

Der Name geht angeblich auf einen schottischen Gastronomen zurück, der nach dem Zweiten Weltkrieg an dem Strand ein Lokal eröffnete. Der saubere, von Rettungsschwimmern bewachte Strand, der sich an seichtem Wasser erstreckt, ist bei einheimischen Familien beliebt. Die Promenade säumen Bar-Restaurants.

## ③ Finikoudes, Larnaka
**Karte M5**

An dem nahe dem Zentrum von Larnaka gelegenen sauberen Sandstrand mit palmengesäumter Promenade kann man sich nach dem Shopping oder Sightseeing prima erholen. Das Wasser ist nicht tief. Es werden Sonnenschirme und Liegestühle vermietet.

## ④ Agia Thekla, Agia Napa
**Karte J4**

In der westlich von Agia Napa gelegenen kleinen Bucht findet man auch in der Hochsaison noch ein ruhiges Plätzchen. An dem Sandstrand steht eine weiße Kapelle.

## ⑤ Makronissos Beach, Agia Napa
**Karte J4**

Das Gelände nahe dem Makronissos Beach eignet sich hervorragend zum Quad-Biken. Quads werden am Strand vermietet *(siehe S. 17 & S. 44)*.

## ⑥ Nissi Beach, Agia Napa
**Karte J4**

Am beliebtesten Strand von Agia Napa erholen sich Clubgänger gern nach durchfeierten Nächten. Aktivere können Wasserski fahren, windsurfen, paragliden, Jetski fahren und bungeespringen *(siehe S. 16 & S. 44)*.

## ⑦ Kryo Nero, Agia Napa
**Karte J4**

Kryo Nero bildet im Osten des Orts ein Ende des langen Sandstrands, der auf der anderen Seite bis zum Hafen reicht *(siehe S. 44)*. In der Nähe beeindrucken die von Wellen in die Kalksteinklippen modellierten Meereshöhlen *(thalassines spilies)*.

**Höhlen nahe dem Strand Kryo Nero**

## ⑧ Fig Tree Bay, Protaras
**Karte J4**

Der Sandstrand am türkisfarbenen Meer gilt als einer der besten weltweit. Er bietet viele Wassersportmöglichkeiten *(siehe S. 45)*.

## ⑨ Protaras
**Karte J4**

Der weiße Sandstrand von Protaras liegt an kristallklarem Wasser.

## ⑩ Louma Beach, Pernera
**Karte J4**

An dem wenig besuchten Strand herrscht idyllische Ruhe.

Siehe Karte S. 76f

# Bars & Pubs

Bedrock Inn, Agia Napa

**① Bedrock Inn, Agia Napa**
Karte J4 ■ Ippokratous 2
■ www.bedrockinn.com
In der nach Art der Zeichentrickserie
»Familie Feuerstein« gestalteten
Bar geht es bis 1.30 Uhr äußerst laut
und lebhaft zu. Danach tanzen die
Besucher in der Silent Disco nach
Musik, die sie über Kopfhörer hören.

**② Sirena Bay Beach Bar & Restaurant, Protaras**
Karte J4 ■ Vrisoudion 115
In der Bar genießt man Speisen und
Drinks mit Blick auf eine hübsche
Bucht. Reggae und Lounge-Musik
sorgen für entspannte Stimmung.
Tagsüber spenden Bäume Schatten.

**③ Pepper Bar, Agia Napa**
Karte J4 ■ Napa Plaza Hotel
■ Archiepiskopou Makariou III
■ www.napaplaza.com
Für Besucher, die in das Nachtleben
von Agia Napa eintauchen wollen,
ist die zentral gelegene Sushi-Bar
ein idealer Startpunkt. Sie bietet
hervorragende Cocktails.

**④ Cliff Bar, Protaras**
Karte J4 ■ Grecian Park Hotel
Konnou 81 ■ www.grecianpark.com
Der Blick auf den Strand Konnos
und das Meer ist atemberaubend.
Es werden Snacks, Cocktails, Wein,
Kaffee und Fruchtsäfte serviert.

**⑤ Savino Rock Bar, Larnaka**
Karte M5 ■ Watkins 9
Die Wände der Bar, in der
Rockkonzerte stattfinden,
zieren Schwarz-Weiß-Fotos
von Film- und Rockstars.

**⑥ Nissaki Lounge Beach Bar, Agia Napa**
Karte J4 ■ Nissaki Beach
In der Strandbar genießen
Einheimische gern bei Son-
nenuntergang einen Drink.

**⑦ Señor Frogs, Agia Napa**
Karte J4 ■ Agias Mavris 24
Die ein wenig außerhalb des Stadt-
zentrums gelegene Bar lohnt den
Weg wegen der lebhaften Atmosphäre, der guten Musikauswahl
und der starken Drinks.

**⑧ Pirates Inn, Agia Napa**
Karte J4 ■ Agias Mavris 1
Die Bar wird aufgrund der lebhaften
Atmosphäre und der preiswerten
Drinks gern vor dem Besuch eines
Clubs aufgesucht. Bevor das Pirates
Inn im Winter schließt, wird in der
Regel im Oktober eine rauschende
Halloween-Party veranstaltet.

**⑨ Malthouse Beer & Food, Paralimni**
Karte J4 ■ Protara 16
In dem Pub werden Craft-Biere aus
aller Welt ausgeschenkt und exzellente Burger serviert. Auch die anderen Gerichte auf der Speisekarte
sind hervorragend.

**⑩ Queen's Arms, Larnaka**
Karte G5 ■ Larnaka – Dekelia
Das Pub ist bei britischen Urlaubern
seit Langem beliebt. Das Bier wird
frisch gezapft, auf einem großen
Bildschirm laufen Sportübertragungen. Von 18.30 bis 21.30 Uhr gibt es
während der Happy Hour zwei Getränke für den Preis von einem.

# Clubs

**1** **Carwash, Agia Napa**
Karte J4 ▪ Agias Mavris 24
Carwash ist eine Disco alten Stils. Es wird ausschließlich Musik aus den 1970er und 1980er Jahren gespielt.

**2** **Black N' White, Agia Napa**
Karte J4 ▪ Louka Louka 8
Der kleine Club existiert seit 1985. Musikalisch stehen Hip-Hop, Soul und R & B im Vordergrund.

**3** **Club Ice, Agia Napa**
Karte J4 ▪ Louka Louka 14
Der Club ist bekannt für die im Sommer stattfindenden R-&-B-Nächte, bei denen Top-DJs aus Großbritannien und anderen Ländern auflegen. Auch die Schaum- und Schwarzlichtpartys sind äußerst beliebt.

**4** **River Reggae Club, Agia Napa**
Karte J4 ▪ Misiaouli & Kavazoglou 12
▪ www.river-reggae.com
Der Club hat bis weit nach Sonnenaufgang geöffnet. Besucher können die Partynacht mit einem Bad im Pool ausklingen lassen.

**5** **Barrel House, Larnaka**
Karte M5 ▪ Ermou 106–109
Bierliebhaber finden in der bezaubernden Bar eine riesige Auswahl vor. An manchen Abenden werden Gin, Irish Whiskey oder Bourbon als

Motto ausgegeben und hervorragende Cocktails gemixt.

**6** **Secrets Freedom, Larnaka**
Karte G5 ▪ Artemidos 67
Im größten Schwulenclub Zyperns werden Motto-Partys und gelegentlich auch Dragshows veranstaltet.

**7** **The Castle Club, Agia Napa**
Karte J4 ▪ Grigori Afxentiou
▪ www.thecastleclub.com
In dem stets gut besuchten Club mit mehreren Ebenen und einer großen Tanzfläche im Freien legen Top-DJs aus aller Welt auf.

The Castle Club, Agia Napa

**8** **Club DEEP, Larnaka**
Karte M4 ▪ Athinon 30–32
Auf der riesigen Tanzfläche feiert ein junges Publikum zu Trance, Soul und House.

**9** **Geometry Club, Larnaka**
Karte M5 ▪ Karaoli Dimitriou 8
Der schicke Club ist bei Einheimischen und Urlaubern im Alter von 20 bis 30 Jahren beliebt.

**10** **Ammos Beach Bar, Larnaka**
Karte G5 ▪ Mackenzie Beach
▪ www.ammos.eu
Neben dem Restaurantbetrieb gibt es eine Tanzfläche, eine Bar und – im Sommer – Livemusik.

Barrel House, Larnaka

Siehe Karte S. 76f

# Cafés & Lokale

**①  Liquid, Agia Napa**
Karte J4 ▪ Kryou Nerou 19
▪ www.liquidcafebar.com
Die große Café-Bar serviert exzel-
lente Cocktails sowie Gourmet-
Snacks und Steaks. Auf großen
Fernsehern laufen Sportüber-
tragungen.

**②  Flames, Agia Napa**
Karte J4 ▪ Agias Mavris
58 ▪ www.flames
restaurantbar.com
Das alteingesesse-
ne, familiengeführ-
te Lokal bietet leckere
Hausmannskost. Neben
über Holzkohle gegrill-
tem Hühnchen, Steaks
und Fischgerichten gibt es viele
vegetarische Optionen.

*Souvlaki*

**③  Souvlaki Stou Feshia,
Larnaka**
Karte L5 ▪ Plateia Agiou Lazarou 20
In dem Lokal werden Lammkote-
letts, *souvlaki* und – im Winter –
*sheftalia (siehe S. 60f)* serviert. Der
Blick auf Agios Lazaros ist grandios.

**④  Art Café 1900, Larnaka**
Karte M5 ▪ Stasinou 6
Das im Belle-Époque-Stil eingerichtete Café bietet eine kleine Auswahl
exzellenter Speisen, darunter viele
vegetarische Gerichte und köstliche
hausgemachte Desserts.

**⑤  Captain Andreas,
Agia Napa**
Karte J4 ▪ Evagorou 35
Die beliebte Fischtaverne liegt im
Zentrum von Agia Napa. Oft sieht
man den Inhaber, Kapitän Andreas,
mit dem Tagesfang an Land gehen.

**⑥  Glykolemono,
Larnaka**
Karte M5 ▪ Zinonos Kitieos 105
Das Ambiente in dem
Café mit dem im altmo-
dischen Stil gekachelten
Boden ist bezaubernd. Zum
Frühstück empfiehlt es sich, zum
köstlichen Kaffee *bougatsa* (Blät-
terteiggebäck mit süßer oder
herzhafter Füllung) zu kosten.

**⑦  Just Italian, Protaras**
Karte J4 ▪ Kapparis 52
In dem modern eingerichteten Lokal
stehen Holzofenpizzas, Nudelgerichte und Steaks auf der Speisekarte.

**⑧  Falafel Abu Dany,
Larnaka**
Karte M5 ▪ Grigori Afxentiou 2
Ab 1975 ließen sich in Larnaka viele
Einwanderer aus dem Libanon nie-
der. In dem beliebten Lokal, das
Falafel, Taboulé, Hummus, Pasteten
und Suppen serviert, ist der kulina-
rische Einfluss dieser Bevölke-
rungsgruppe erkennbar.

**⑨  Dimiourgiki
Taverna »To
Patrikon«, Larnaka**
Karte G5 ▪ Dionysiou Solomou
Die von drei Geschwistern
geführte Taverne bietet zyprische Küche. Für die köstlichen *mezedes* werden
regionale Zutaten verwendet.

**⑩  Aldente Cucina
Italiana, Larnaka**
Karte L4 ▪ Athinon 77
Das Lokal bietet Pasta, Pizza
und Salate in klassischen
und kreativen Varianten.

Art Café 1900

# Restaurants

**1** **To Ploumin, Sotira**
Karte J4 ▪ +357 99 658 333 ▪ €

In der in einem alten Bauernhaus untergebrachten Taverne werden hervorragende *mezedes* wie Pilze mit Fenchel und *kolokasi* (Taro-wurzel) zubereitet. Die Speisekarte wechselt nach Saison. Es herrscht eine gemütliche Atmosphäre. An drei Abenden pro Woche wird Livemusik gespielt.

Taverna Tochni

**2** **Taverna Tochni, Tochni**
Karte E5 ▪ Mersinies 3
▪ +357 99 563 299 ▪ €

Die Terrasse bietet hübschen Blick über das Tal.

**3** **Knight's Pub, Protaras**
Karte J4 ▪ Pernera 56
▪ +357 23 831 497 ▪ €

In dem beliebten Gastropub werden asiatische Speisen, Burger, Steaks, Fischgerichte sowie traditionelles englisches Frühstück angeboten.

**4** **Sage, Agia Napa**
Karte J4 ▪ Kryou Nerou 8
▪ +357 23 819 276 ▪ www.sagerest. com ▪ 🚻 ▪ €€

In dem auf Steaks spezialisierten Lokal wird Reservierung empfohlen.

**5** **Limelight Taverna, Agia Napa**
Karte J4 ▪ Dionysiou Solomou 10
▪ +357 23 721 650 ▪ www.limelight taverna.com ▪ €

Auf dem Holzkohlegrill werden

**Preiskategorien**
Preis für ein Drei-Gänge-Menü pro Person mit einer halben Flasche Wein, inklusive Steuern und Service.

€ unter 25 € ▪ €€ 25 – 50 € ▪ €€€ über 50 €

Gerichte mit Schweine- und Lamm-fleisch, Ente und Hummer zuberei-tet. Reservierung ist unerlässlich.

**6** **Stou Roushia, Larnaka**
Karte M6 ▪ Nikolaou Laniti 26
▪ +357 99 243 870 ▪ €

In dem traditionellen *mageireio* wer-den Speisen wie *ravioles*, Bohnen-suppe, Grill- und Schmorgerichte in üppigen Portionen serviert. Es sind auch halbe Portionen erhältlich.

**7** **Monte Carlo, Larnaka**
Karte M6 ▪ Piyale Pasha 28
▪ +357 24 653 815 ▪ www.monte carlolarnaka.com ▪ 🚻 ▪ €€

Gäste genießen zum Blick aufs Meer exzellentes Seafood, das in der Re-gion gefischt wird.

**8** **Militzis, Larnaka**
Karte L6 ▪ Piyale Pasha 42
▪ +357 24 655 867 ▪ ♿ ▪ €

Spezialität des Hauses ist *kleftiko*. Der für die Zubereitung genutzte gemauerte Ofen ist Blickfang der Inneneinrichtung. Außerdem werden Grillgerichte wie *kondosouvli* (Spieß-braten) angeboten.

**9** **Voreas, Oroklini**
Karte G4 ▪ Andrea Dimitriou 3
▪ +357 24 647 177 ▪ mittags geschl.
▪ €€

Die Taverne bietet exzellente *meze-des* und Grillgerichte. Das traditio-nelle Interieur ist im Winter beson-ders einladend.

**10** **Demetrion, Potamos tou Liopetriou**
Karte J4 ▪ 357 99 323 403 ▪ €€

Das direkt am Meer gelegene Res-taurant lockt mit Fischgerichten und hausgemachten Pommes frites.

Siehe Karte S. 76f

# ⌧10 Südwestzypern

Der Südwesten ist die abwechslungsreichste Region der Insel. Er bietet luxuriöse Ferienorte mit kosmopolitischem Flair, eine zum UNESCO-Welterbe gehörende archäologische Stätte, Weingärten, Bergdörfer, Strände und unberührte Küstenlandschaften. Zu den Sehenswürdigkeiten zählen die hellenistischen Mosaiken in Kato Pafos, das antike Amphitheater von Kourion und die mittelalterliche Burg von Kolossi. Limassol und Pafos locken mit exzellenten Hotels und einem pulsierenden Nachtleben.

Mosaik, Kato Pafos

**Südwestzypern**

Kap Arnaoutis

⑨⑩ Pomos

Kato Pyrgos

Bucht von Morfou

Karavostasi

Bucht von Chrysochou

Gialia

Tilliria

Pafos-Wald

Ambeliko

Lefka

**Lefkosia**

Akamas ❽

⑩ Latsi

② Polis Chrysochous

⑥

⑨ Pelathousa

Kambos

Evrychou

Neo Chorio

Lysos

Tripylos

Kalopanagiotis

Galata

Drousela ①

⑤ Ineia

Kato Akourdalia

Kap Lara

Fyti

Pano Panagia

Marathasa

Troodos

Kathikas ⑨

Lasa

⑤

Fini

❸ Pegeia

Stroumbi

Vretsia

Troodos-Gebirge

Akoursos

Coral Bay ❸

Letymvou

E702

Salamiou

Pera Pedi

Kissonerga

**Pafos**

Vasa ④

⑥ ⑦

Tsada

Kelokedara

Potamiou

Chlorakas

Episkopi

Xeros

Dora

Monagri

**Siehe Karte Pafos rechts**

⑦ ⑩ ⑩ Geroskipou

Anarita

Diarizos

Pachna

Alassa

❽ ④

Fasoula ⑧

③

✈ Pafos

⑥ Kouklia

Alektora

Heiligtum des Apollon Hylates

Avdimou

⑤

*Mittelmeer*

Pissouri

Kourion ⑦

①

⑥

Burg von Kolossi ❷

Kap Aspro

Bucht von Episkopi

Akrotiri

0 Kilometer    10

**Vorhergehende Doppelseite** Hala Sultan Tekke am Salzsee von Larnaka

**Antikes Amathous**

**1** Die östlich von Limassol oberhalb der Küstenautobahn gelegenen
Ruinen lassen die einstige Pracht
und die gewaltigen Ausmaße der
Stadt erahnen. Amathous zählte zu
den ersten königlichen Städten auf
Zypern. Unter den Römern war es
Provinzhauptstadt, in byzantinischer
Zeit Bischofssitz. Die Relikte einer
frühchristlichen Basilika, eines der
Aphrodite geweihten Tempels und
der hellenistischen Agora sind besonders sehenswert. Obwohl sich
die Stätte in der Nähe der Luxushotels und Strände von Limassol
befindet, ist sie selten überlaufen
*(siehe S. 20f).*

Antikes Amathous

**1** Top-10-Attraktionen
*siehe S. 89 – 93*

**1** Restaurants
*siehe S. 99*

**1** Dies & Das
*siehe S. 94*

**1** Strände
*siehe S. 95*

**1** Shopping
*siehe S. 96*

**1** Bars, Pubs & Cafés
*siehe S. 98*

**1** Livemusik & Theater
*siehe S. 97*

Burg von Kolossi

gebrachte Mittelalter-
museum zeigt Waffen,
Grabsteine, Porzellan
und byzantinische Sil-
berwaren. Die Festung
bietet herrlichen Blick
über die Dächer der
Stadt. In einem mit
eleganten Arkaden
verzierten Gebäude aus
dem frühen 20. Jahr-
hundert, der Zeit der
britischen Herrschaft
über die Stadt, befindet
sich der Zentralmarkt.
An den Ständen werden
Korbwaren, Olivenöl,
*loukoumi* (türkischer Honig) und
andere Delikatessen angeboten. Die
traditionellen Tavernen, die den Zentralmarkt säumen, bieten Abwechs-
lung von den modernen Lokalen des
Urlauberviertels *(siehe S. 24f)*.

### ② Burg von Kolossi

**Karte D6** ■ **14 km westl. von
Limassol** ■ **+357 25 934 907** ■ **tägl.
8.30–19.30 Uhr (Mitte Sep – Mitte Apr:
bis 17 Uhr)** ■ **Eintritt**

Die trutzige Festung ist eindrucks-
volles Beispiel mittelalterlicher
Militärbaukunst. Sie diente eine
Zeit lang dem Johanniterorden als
Kommandantur. Die Ritter kelterten
aus den Trauben, die in den Weinbergen in der Umgebung wuchsen,
den bernsteinfarbenen Commandaria. Im 15. Jahrhundert wurde die
Burg von genuesischen Marodeuren
geplündert. Dank sorgfältiger Res-
taurierung in den 1930er Jahren
sind viele Baumerkmale aus jener
Epoche original erhalten, darunter
die Privatgemächer und ein Wappen
eines Kommandanten. Von der Burg
eröffnet sich ein grandioser Ausblick
auf die Küste.

### ③ Historisches Limassol

Limassols Altstadt mit den
historischen Werkstätten und Märk-
ten erstreckt sich hinter der von
Palmen und modernen Hochhäusern
gesäumten Strandpromenade. Rund
um die mächtige, von den Lusignan-
Königen erbaute Burg ragen die
Minarette von in osmanischer Zeit
errichteten Moscheen empor. In der
Altstadt gibt es auch byzantinische
Kirchen, kleine Einkaufsstraßen
sowie viele Restaurants, Bars und
Cafés. Das in der nahe dem alten
Hafen gelegenen Festung unter-

Café im historischen Limassol

### ④ Johannisbrot-Mühle, Limassol

**Karte D6** ■ **Vasilissis 1** ■ **+357 25 342
123** ■ **variierende Öffnungszeiten**

In der nahe der mittelalterlichen
Festung gelegenen, im Jahr 1900
errichteten Mühle befindet sich ein
Museum. Das Museum erläutert,
wie die Hülsenfrüchte des Johannisbrotbaums geerntet werden, welche
Produkte aus dem Carob genannten
Fruchtfleisch entstehen und warum
diese Erzeugnisse wichtige Export-
güter Zyperns sind. In den Räumen
sind Maschinen und Werkzeuge für
die Lagerung und Verarbeitung der
Früchte ausgestellt. Das zuckerhal-

**Zyprische Musik**

Musik und Tanz sind fester Bestandteil der Kultur Zyperns. Die traditionellen Instrumente, Rhythmen und Melodien sind den griechischen wie auch den türkischen Inselbewohnern wohlbekannt. Die Hauptinstrumente eines jeden Dorforchesters sind die Lyra – eine Kurzhalslaute –, die von den Griechen eingeführte *bouzouki*, die Laute, die Violine und die Trommel *tampoutsia*. Allzu oft bekommen Besucher jedoch verwässerte Versionen der traditionellen Musik zu hören – zum Beispiel mit E-Gitarre und Synthesizer interpretierte Stücke der Filmmusik von *Alexis Sorbas*.

*Fasouri Watermania Waterpark*

tige Fruchtfleisch des Johannisbrotbaums wird Schokolade und anderen Süßigkeiten beigemischt. Carob-Erzeugnisse finden auch in der Papierherstellung, der Fotoindustrie und der Medizin Verwendung.

**⑤ Heiligtum des Apollon Hylates**

Karte C6 ▪ Straße von Limassol nach Episkopi, 3 km westl. von Kourion ▪ +357 99 630 238 ▪ tägl. 8.30 – 19.30 Uhr (Mitte Sep – Mitte Apr: bis 17 Uhr) ▪ Eintritt

Fragmente von Säulen und Mauern kennzeichnen die Stätte aus dem 7. Jahrhundert v. Chr. In Kourion wurde der Sonnengott und »Schützer der Wälder« Apollon mit dem Stadtgott Hylates gleichgesetzt. Diese Kombination ist nicht ungewöhnlich: Auf Zypern wurden von jeher die Götter neu eingeführter Religionen mit den Gottheiten der bestehenden Kulte verschmolzen. Funde aus dem Heiligtum stehen in den Museen Zyperns *(siehe S. 27)*.

**⑥ Fasouri Watermania Waterpark**

Karte D6 ▪ Tserkezi, Limassol ▪ +357 25 714 235 ▪ Mai – Sep: tägl. 10 – 17 Uhr (Juni & Aug: bis 18 Uhr); Okt: Di, Fr & So 10 – 17 Uhr ▪ Eintritt ▪ www.fasouri-watermania.com

Das Erlebnisbad bietet Spaß für die gesamte Familie – mit rasanten Rutschen, interaktiven Attraktionen sowie Schwimm- und Badebecken für Erwachsene und Kinder aller Altersstufen. Auf dem Gelände befinden sich auch Restaurants und Läden *(siehe S. 58)*.

*Heiligtum des Apollon Hylates*

Von Kourion eröffnet sich ein herrlicher Blick auf das Meer

### ⑦ Kourion

Die steinernen Sitzreihen des römischen Theaters von Kourion, das 3500 Zuschauer fasst, erheben sich eindrucksvoll direkt an der Küste. An der Stätte freigelegte Mosaiken zeigen Darstellungen von mythologischen Figuren sowie von Fischen und Vögeln. In dem restaurierten Theater finden im Sommer Konzerte und Aufführungen von Shakespeare-Stücken *(siehe S. 66)* statt. Von dem 80 Meter über dem Meeresspiegel gelegenen Theater eröffnet sich ein wunderbarer Blick auf die Küste, die Weinberge und die Weizenfelder der Halbinsel Akrotiri *(siehe S. 26f)*.

### ⑧ Halbinsel Akamas

Die raue, hügelige, mit Kiefern und Wacholder bewachsene Halbinsel erkundet man am besten mit

Küstenabschnitt, Akamas

einem Geländewagen. An der Westküste von Akamas erstrecken sich die einsamsten Strände Zyperns, an der Nordspitze eröffnet sich ein herrlicher Blick aufs Meer. An der felsigen Küste kann man hervorragend schnorcheln, Taucher bevorzugen die Reviere rund um Agios Georgios *(siehe S. 49)* und die anderen vorgelagerten kleinen Inseln. Pafos und Latsi bieten Bootsverbindungen zur Halbinsel Akamas *(siehe S. 32f)*.

### ⑨ Pafos

Karte A5 ▪ Königsgräber: Tafon ton Vasileon; +357 26 306 217; tägl. 8.30–19.30 Uhr (Mitte Sep – Mitte Apr: bis 17 Uhr); Eintritt; ♿ (teilw.) ▪ Ethnografisches Museum: Exo Vrysis 1; +357 26 932 010; Mo – Sa 10 –18 Uhr (Winter: bis 17 Uhr), So 10 –14 Uhr; Eintritt ▪ Byzantinisches Museum: Andrea Ioannou 5; +357 26 931 393; Mo – Fr 9 – 16 Uhr, Sa 9 –13 Uhr; Eintritt ▪ Archäologisches Museum: Georgiou Griva Digeni; wg. Renovierung geschl.

Die Stadt gliedert sich in die Bereiche Kato Pafos (»Unterstadt«) und Ktima Pafos (»Oberstadt«). Kato Pafos war im Mittelalter eine der bedeutendsten Hafenstädte Zyperns, versank später jedoch in Bedeutungslosigkeit. Erst mit Einsetzen des Fremdenverkehrs und der Entdeckung der berühmten Mosaiken erwachte die Stadt aus ihrem jahrhundertelangen Dornröschenschlaf.

Heute ist Kato Pafos ein blühender Ferienort mit an der Küste gelegenen Luxushotels und einem modernen Stadtzentrum, in dem sich zahlreiche Souvenirläden, Bars, Cafés, Clubs und Restaurants befinden. Im nur drei Kilometer entfernten Ktima Pafos können Besucher in eine ganz andere Welt eintauchen: In den traditionellen, bei Einheimischen beliebten Cafés und Tavernen erhält man Einblick in das traditionelle Inselleben. In Ktima Pafos widmen sich das Etnografische, das Byzantinische und das Archäologische Museum verschiedenen Epochen der Geschichte Zyperns. An der Küste westlich von Ktima Pafos liegen die in den Fels gehauenen Königsgräber. In den Kammern wurden allerdings keine Könige, sondern etwa ab dem 3. Jahrhundert v. Chr. wohlhabende Bewohner der Stadt bestattet.

**Königsgräber, Pafos**

## ⑩ Städtisches Volkskunstmuseum, Limassol

Die vielfältige Sammlung des in einer historischen Kaufmannsvilla ansässigen Museums umfasst aus Holz gefertigte landwirtschaftliche Gerätschaften und Haushaltsutensilien, silberne Ketten und Armreife sowie meisterhaft bestickte Trachten und Spitzen. Gewänder wie die ausgestellten Kleider wurden noch vor einer Generation von Frauen bei Dorf- und Familienfesten getragen. Das Volkskunstmuseum bietet mit seinen Exponaten einen guten Einblick in das traditionelle Leben auf Zypern *(siehe S. 25)*.

**Spaziergang**

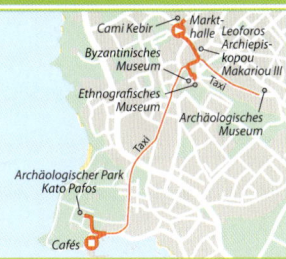

▶ Beginnen Sie den Spaziergang durch Pafos morgens mit dem Besuch der **Markthalle** *(siehe S. 96)* in Ktima Pafos. In der Halle werden Stickereien, Spitze, Keramiken und Lederwaren angeboten. An den Ständen im Freien werden Haushaltsutensilien, Obst und Gemüse verkauft. Spazieren Sie anschließend zur »Großen Moschee« **Cami Kebir**, dem einzigen verbliebenen Bauwerk aus osmanischer Zeit in Pafos. Die Moschee entstand durch einen Umbau der byzantinischen Kirche Agia Sofia.

Entlang der Hauptstraße **Leoforos Archiepiskopou Makariou III** führt der Weg nun zum Stadtpark, einem bezaubernden Areal mit Brunnen und Cafés. Besuchen Sie das **Ethnografische** oder das nahe gelegene **Byzantinische Museum**, das eine Sammlung von Ikonen birgt. Hauptattraktion ist die Ikone der Agia Marina aus dem 8. Jahrhundert, die älteste erhaltene Ikone auf Zypern.

Nehmen Sie am Hauptplatz von Pafos ein Taxi (der Taxistand befindet sich nahe der Kreuzung der Straßen Archiepiskopou Makariou III und Evagora Pallikaridi). Die Fahrt zum **Archäologischen Park Kato Pafos** *(siehe S. 30f)* führt am **Archäologischen Museum** vorbei. Im Archäologischen Park gibt es prächtige Mosaiken aus römischen Villen sowie die Relikte einer Agora und eines Theaters zu bestaunen.

Kehren Sie zum Abschluss des vormittäglichen Spaziergangs in einem der an der Uferpromenade gelegenen **Cafés** ein.

Siehe Karte S. 88f →

# Dies & Das

**(1) Drouseia**
Karte A4

Die Gassen des bezaubernden Bergdorfs säumen traditionelle steinerne Häuser. In der Nähe liegt das Kloster Agios Georgios Nikoxilitis.

**(2) Akrotiri**
Karte D6

An dem Salzsee auf der Halbinsel machen im Winter Flamingos und andere Zugvögel Station.

**Flamingos am Salzsee von Akrotiri**

**(3) Pegeia**
Karte A4

Die Häuser der Stadt erstrecken sich von dem kopfsteingepflasterten Hauptplatz, den ein Brunnen ziert, zwischen Feldern zum Hafen von Agios Georgios. Die Basilika (6. Jh.) in Agios Georgios weist Bodenmosaiken mit Tiermotiven und geometrischen Mustern auf.

**(4) Pissouri**
Karte C6

In dem oberhalb einer hübschen Bucht auf einem Hügel gelegenen Dorf haben sich viele ausländische Bewohner angesiedelt. Es gibt einige Restaurants und Bars.

**(5) Panagia Chrysorrogiatissa**
Karte B4 ▪ +357 26 722 457 ▪ Mai – Aug: tägl. 9.30 – 12.30 Uhr & 13.30 – 18.30 Uhr; Sep – Apr: tägl. 10 – 12.30 Uhr & 13.30 – 16 Uhr

In dem Kloster werden hervorragende Weine gekeltert. Zum Komplex gehört ein Museum, das sakrale Objekte zeigt *(siehe S. 41)*.

**(6) Palaipafos**
Karte B5 ▪ +357 26 432 155 ▪ tägl. 8.30 – 19.30 Uhr (Mitte Sep – Mitte Apr: bis 17 Uhr) ▪ Eintritt ▪ &

Die nahe Kouklia gelegene archäologische Stätte umfasst ein Heiligtum der Aphrodite und ein Museum in einem Lusignan-Herrenhaus.

**(7) Prähistorische Siedlung bei Lemba**

An der aus der Jungsteinzeit datierenden Stätte wurden Rundhäuser rekonstruiert *(siehe S. 32f)*.

**(8) Palaia Enkleistra**
Karte B5

Die Fresken (15. Jh.) in der vier Kilometer oberhalb von Kouklia gelegenen, einst von Eremiten bewohnten Höhle zeigen unter anderem die Dreifaltigkeit. Den Schlüssel zu der Höhle bekommen Besucher im Museum von Palaipafos ausgehändigt.

**(9) Polis Chrysochous**
Karte A4

Das Bauerndorf ist auch ein Ferienort mit ruhigem Strand und Fischtavernen an dem kleinen Hafen Latsi.

**(10) Geroskipou**
Karte A5 ▪ Agia Paraskevi: +357 26 821 000; Mo – Sa 8.30 – 13 Uhr & 14 – 17 Uhr (Winter: bis 16 Uhr); &

An der Hauptstraße des malerischen Dorfs verkaufen Läden Korbwaren, Keramiken und türkischen Honig. Die am Hauptplatz gelegene Kirche Agia Paraskevi birgt viele Fresken aus dem 15. Jahrhundert.

**Agia Paraskevi, Geroskipou**

# Strände

Der Strand in der Bucht von Pissouri

**1** **Bucht von Pissouri**
Karte C6

An dem Sand- und Kiesstrand locken Sonnenliegen und Wassersportmöglichkeiten *(siehe S. 44)*.

**2** **Bucht von Chrysochou, Polis Chrysochous**
Karte A4

Der Sand- und Kiesstrand ist sauber, das Wasser klar, der Blick über die Küste herrlich. In der Nähe liegt in einem Eukalyptushain ein Campingplatz mit nettem Café *(siehe S. 45)*.

**3** **Coral Bay**
Karte A5

Der Sandstrand ist stets gut besucht. Er lockt vor allem an Sommerwochenenden junge Einheimische an. Wer eine Liege oder einen ruhigen Platz ergattern möchte, sollte früh aufstehen *(siehe S. 44)*.

**4** **Geroskipou**
Karte A5

Der lange, gepflegte Strand am Rand von Pafos ist bei Einheimischen beliebt, von Urlaubern wird er selten aufgesucht. Es werden Liegen vermietet. Es gibt Snackbars, Duschen und Umkleidekabinen.

**5** **Lara Beach**
Karte A4

Der von hohen Dünen eingefasste halbmondförmige Strand liegt nördlich von Kap Lara. Der feine Sand lockt jedes Jahr im Sommer Unechte Karettschildkröten zur Eiablage an *(siehe S. 33 & S. 44)*.

**6** **Avdimou**
Karte C6

An dem rund zwei Kilometer langen, wenig besuchten Sand- und Kiesstrand findet man Ruhe abseits des Trubels. Er gibt zwei Bar-Restaurants *(siehe S. 44)*.

**7** **Dasoudi**
Karte D6

Urlauber und Einheimische schätzen den Strand, weil er sauberen Sand und klares Wasser bietet und dem Stadtzentrum von Limassol am nächsten liegt.

**8** **Governor's Beach**
Karte E6

Der Strand mit dunklem Sand liegt in einer Bucht vor hohen Kalksteinklippen. In der Nähe gibt es Snackbars und Tavernen *(siehe S. 44)*.

**9** **Pomos**
Karte B3

Kalksteinklippen umgeben die sandigen Buchten bei Pomos, einem vom Fremdenverkehr immer noch unberührten Ort. In dem klaren Wasser rund um die vorgelagerten Felsen kann man hervorragend schnorcheln.

**10** **Asprokremmos**
Karte A3

Der Strand gilt als einer der schönsten Zyperns. An den selten überfüllten Sandstreifen kann man den wunderbaren Blick auf das glitzernde Meer genießen und den Sonnenuntergang bewundern *(siehe S. 45)*.

Siehe Karte S. 88f

# Shopping

### ① My Mall, Limassol
Karte D6 ■ Franklin Roosevelt 285 ■ www.mymall.com.cy

Das Angebot der 150 Läden reicht von Designermode bis zu Geschenkartikeln. Die Mall bietet außerdem einige Fast-Food-Lokale, ein Bowlingcenter und eine Eislaufbahn.

Markthalle, Ktima Pafos

### ② Markthalle, Ktima Pafos
Karte A5 ■ Agoras

Die Marktstände verkaufen u. a. Spitze, Stickereien, handgefertigte Ledertaschen und Strandkleidung.

### ③ Johannisbrot-Museen, Anogyra
Karte C5 ■ Oinorioiou 15

In den Museen kann man dabei zusehen, wie *pasteli* mit Johannisbrotsirup gebacken werden. Die Süßigkeit kann man vor Ort erwerben.

### ④ Arcube Studio by Panayiotis Stelikos, Limassol
Karte D6 ■ Eleftherias 133–135

Der Designer Panayiotis Stelikos bietet restaurierte Möbel aus den 1950er bis 1970er Jahren an, unter anderem Stühle, Ottomanen und Sofas mit wunderschönen Stoffen.

### ⑤ Cat Kerameas, Limassol
Karte D6 ■ Agkyras 55

In dem Laden bietet der aus Famagusta stammende Töpfer Andreas Kattos seine Werke an.

### ⑥ Bauernmarkt, Limassol
Karte D6 ■ Linopetra ■ Sa 8–13 Uhr

Auf dem Markt werden Obst und Gemüse aus der Region angeboten. Zudem werden Antiquitäten und Secondhand-Kleidung verkauft.

### ⑦ Cyprus Handicraft Centres, Limassol & Pafos
Limassol: Karte D6; Themidos 25 ■ Pafos: Karte A5; Apostolou Pavlou 64

Die beiden staatlich geführten Läden verkaufen traditionelle zyprische Handwerksprodukte wie Spitze, Korbwaren und geätzte Vasen.

### ⑧ Kings Avenue Mall, Pafos
Karte A5 ■ Apostolou Pavlou ■ www.kingsavenuemall.com

In dem Shoppingcenter befinden sich 125 Läden und Boutiquen, Cafés, Restaurants und ein Kino.

### ⑨ Stadtmarkt, Limassol
Karte D6 ■ Georgiou Gennadiou

An den Ständen in dem 1917 errichteten Gebäude werden Nüsse, Honig, Süßwaren und andere Delikatessen sowie Blumen verkauft.

### ⑩ Panagia's Souvenir Market, Geroskipou
Karte A5 ■ Archiepiskopou Makariou 23

Die Ladeninhaberin Panagia Athinodorou bietet hübsche Korbwaren und farbenfroh verzierte Töpferwaren.

Schüsseln, Panagia's Souvenir Market

# Livemusik & Theater

Bar in Limassol

### ❶ Sto Perama, Limassol
Karte D6 ▪ Zik Zak 12–14

In der in der Altstadt nahe der Moschee gelegenen Bar treten griechische Musiker vom Festland und Interpreten der *entechno* genannten modernen Kunstlieder auf.

### ❷ Rialto, Limassol
Karte D6 ▪ Andrea Drousioti 19 ▪ www.rialto.com.cy

Das renommierteste Theater an der Südküste Zyperns ist in einem Gebäude aus den 1930er Jahren ansässig. Es zeigt Musicals, Tanztheater und Schauspiel und ist Veranstaltungsort eines Filmfestivals.

### ❸ Library Bar, Limassol
Karte D6 ▪ Themidos 1

In der beliebten Bar in der Altstadt von Limassol treten bekannte Jazz- und Bluesbands sowie einheimische und ausländische Künstler auf. Zu den Darbietungen genießt man hervorragende Speisen und Cocktails.

### ❹ Tepee Strictly Rock, Limassol
Karte D6 ▪ Ampelakion 5

In der alteingesessenen Bar sorgen regelmäßig Auftritte von Rockbands für Stimmung. Neben leckeren Burritos werden verschiedenste Biersorten angeboten.

### ❺ 7-Seas, Limassol
Karte D6 ▪ Columbia Plaza, Agiou Andreou 223

Der schicke Club lockt mit Livekonzerten und internationalen Top-DJs. Mottoabende widmen sich bestimmten Musikstilen.

### ❻ The Old Fishing Shack Ale & Cider House, Kato Pafos
Karte A5 ▪ Margarita Gardens, Tefkrou

Das Angebot an Bieren und Cidre ist exzellent. Der Barbesitzer, der eigenen Cidre herstellt, hilft gern bei der Auswahl des richtigen Getränks.

### ❼ Timothy's Art Bar, Ktima Pafos
Karte A5 ▪ nahe Angelou Geroudi

Die in einem türkisch-zyprischen Gebäude nahe dem Busbahnhof Karavella ansässige Bar serviert Tapas und veranstaltet (meist an Freitagen) Konzerte mit Weltmusik.

### ❽ The Dome Cocktail & Sushi Bar, Kato Pafos
Karte A5 ▪ Theas Afroditis

An den Tischen im Freien genießen Gäste unter dem Sternenhimmel exzellente Sushi und Cocktails. Es wird großartige Musik gespielt.

### ❾ Black & White Reload, Pafos
Karte A5 ▪ Agiou Antoniou

Die lebhafte Bar überzeugt mit eingängigem Soundtrack, preiswerten Getränken und nettem Personal.

### ❿ Paradise Place, Pomos
Karte B3 ▪ 1 km westl. des Dorfzentrums

In der Bar werden verschiedene Musikrichtungen gespielt. Ende Juli ist sie Veranstaltungsort des Paradise Jazz Festival. Das Angebot an Speisen und Getränken ist gut.

Siehe Karte S. 88f ➡

# Bars, Pubs & Cafés

**1 Boulevard Bistro & Wine Bar, Pafos**
Karte A5 ▪ Plateia Kennedy
Die Bar bietet exzellente einheimische und internationale Weine sowie Cocktails. Dazu werden kalte Platten mit Käse, Wurst und Obst serviert.

**2 Dino, Limassol**
Karte D6 ▪ Gladstonos 137
▪ www.dinobistro.com
Die Fusionsküche verbindet zyprische, japanische und internationale Einflüsse. Die Desserts sind einfallsreich und köstlich. Außerdem kann man in dem Bistro hervorragenden Kaffee genießen.

**3 Pier One, Limassol**
Karte D6 ▪ Alter Hafen
Das Bar-Restaurant bietet grandiosen Blick aufs Meer und die Stadt. Das Frühstück und die mittags und abends angebotenen Speisen sind gut. Es gibt eine umfangreiche Cocktailkarte. Freitag- und samstagabends legen meist DJs auf.

**4 Marios Snacks, Limassol**
Karte D6 ▪ Agias Zonis 10
▪ www.mariossnacks.com
Das Café lockt mit hausgemachten Suppen, Pasteten, Cupcakes und Croissants sowie Tee, Kaffee und frisch gepressten Fruchtsäften.

**5 Madame, Limassol**
Karte D6 ▪ Andrea Drousioti 10
Die dem Rialto (siehe S. 97) gegenüberliegende Bar bietet hervorragende Cocktails, köstliche Snacks und gute Musik.

**6 The New Horizon Pub, Pafos**
Karte A5 ▪ Chlorakas
▪ www.sportsbarpaphos.com
Die Einrichtung zeigt den Stil eines traditionellen britischen Pubs. Gelegentlich wird Livemusik gespielt, auf Fernsehern laufen Sportübertragungen. Die Speisen sind hervorragend.

**7 La Boite 67, Pafos**
Karte A5 ▪ Alter Hafen
Die seit 1967 existierende Bar ist die älteste in Pafos. Sie war einst bei Kunststudenten und der Bohème beliebt, heute locken die Snacks und Drinks ein breit gefächertes Publikum an. Trotz der exzellenten Lage sind die Preise relativ günstig. Das Personal ist aufmerksam und freundlich.

Draught

**8 Draught, Limassol**
Karte D6 ▪ Johannisbrot-Mühle
▪ www.carobmill-restaurants.com
Die Bar des Grillrestaurants bietet erstklassige Cocktails sowie eine gute Auswahl an Weinen und Bieren, darunter einige Craft-Biere aus Mikrobrauereien.

**9 Different Bar, Pafos**
Karte A5 ▪ Agias Napas
▪ www.differentbar.com
Die alteingesessene, überwiegend von Schwulen besuchte Bar hat auch im Winter geöffnet.

**10 Tramps Sports Bar, Pafos**
Karte A5 ▪ Tafon ton Vasileon 52
Auf Fernsehern werden Fußball- und Rugby-Spiele übertragen. Es werden Grillgerichte und Fassbiere angeboten.

# Restaurants

**Preiskategorien**
Preis für ein Drei-Gänge-Menü pro Person mit einer halben Flasche Wein, inklusive Steuern und Service.
.................................................
€ unter 25 € ■ €€ 25 – 50 € ■ €€€ über 50 €

**①** **Hondros, Pafos**
Karte A5 ■ Apostolou Pavlou 96
■ +357 26 910 998 ■ €€
Die seit 1953 existierende Taverne zählt zu den traditionsreichsten auf Zypern. Im hübschen Gastraum und auf der Terrasse genießt man Seafood und zyprische Fleischgerichte.

**②** **Dionysus Mansion, Limassol**
Karte D6 ■ 16is Iouniou 1943 5
■ +357 25 222 210 ■ €€
Das Restaurant ist in einer prächtig restaurierten Villa mit hübschem Innenhof ansässig. Für die Gerichte, die traditionelle griechische und zyprische Einflüsse vereinen, werden regionale Zutaten verwendet. Die Speisekarte wechselt nach Saison.

**③** **La Maison Fleurie, Limassol**
Karte D6 ■ Christaki Kranou 18
■ +357 25 320 680 ■ €€€
Auf der Karte des Restaurants mit authentischer französischer Küche stehen Speisen wie *coq au vin*, *canard à l'orange* sowie mit *foie gras* und schwarzen Trüffeln gefüllte Gans.

**④** **Ariadne, Vasa**
Karte E5 ■ 1 km südl. von Vasa
■ +357 25 944 064 ■ €
Neben *mezedes* wie *koupepia* mit Joghurt, Schwarzaugenbohnen mit Sellerie und mit *anari* gefüllten Pasteten gibt es einige Hauptgerichte.

**⑤** **Fettas Taverna, Pafos**
Karte A5 ■ Ioanni Agroti 33
■ +357 26 937 822 ■ €
Die hervorragenden *mezedes* in der traditionellen Taverne beinhalten viele vegetarische Optionen. Außerdem werden Grillgerichte serviert.

**⑥** **Arsinoe, Polis Chrysochous**
Karte A4 ■ Griva Digeni 3 ■ +357 26 321 590 ■ So & Winter geschl. ■ €€
Die alteingesessene Fischtaverne bietet *mezedes* und Hauptgerichte.

**⑦** **7 St Georges, Geroskipou**
Karte A5 ■ Anthipolochagou Georgiou Savva 37 ■ +357 99 655 824 ■ €€
Auf der saisonal wechselnden Speisekarte stehen außergewöhnliche *mezedes* wie *tsamarella* (Ziegensalami), Taubenkropf-Leimkraut mit Ei und Champignons mit Fenchel.

**⑧** **Neon Phaliron, Limassol**
Karte D6 ■ Gladstonos 135
■ +357 25 365 768 ■ €€
Die traditionellen Gerichte haben eine moderne Note.

Krabbencocktail im Neon Phaliron

**⑨** **Imogeni, Kathikas**
Karte A4 ■ +357 26 633 269
■ Mi & Nov – Feb geschl. ■ €
Mit Gerichten wie *ful madamas* (Bohneneintopf) und *moutzendra* (Linsenrisotto) zeigt die Küche griechische und ägyptische Einflüsse.

**⑩** **Laona, Pafos**
Karte A5 ■ Votsi 6, Ktima Pafos
■ +357 26 937 121 ■ €
Das *mageireio* bietet traditionelles Lunch mit auf Hülsenfrüchten basierenden Gerichten, *kolokasi* (Tarowurzel) und *palouzes* (Traubengelee).

Siehe Karte S. 88f

# TOP10 Troodos-Gebirge

Mosaik im
Kloster Trooditissa

Im bewaldeten Troodos-Gebirge kann man der flirrenden Hitze Nikosias entfliehen, der Trubel der Ferienorte scheint Welten entfernt. Am eindrucksvollsten sind die Berggipfel im Winter und zu Frühjahrsbeginn, wenn sie mit Schnee bedeckt sind. Der Straßenbau hat die Dörfer leichter erreichbar gemacht, der Besuch einiger der berühmten Kirchen jedoch setzt eine lange Anfahrt auf kurvigen Wegen voraus. Einige Strecken kann man nur mit Allradantrieb oder mit dem Mountainbike bewältigen.

**Omodos**

**Omodos**
Karte C5

Hauptattraktion des malerischen, von Urlaubern viel besuchten Dorfs ist das an dem großen Hauptplatz gelegene Kloster Timios Stavros. Auch die im Ort erhältlichen Souvenirs, die von in der Region gekelterten Weinen und anderen Spezialitäten bis zu Stickereien reichen, machen Omodos zu einem guten Anlaufpunkt für Zypern-Besucher.

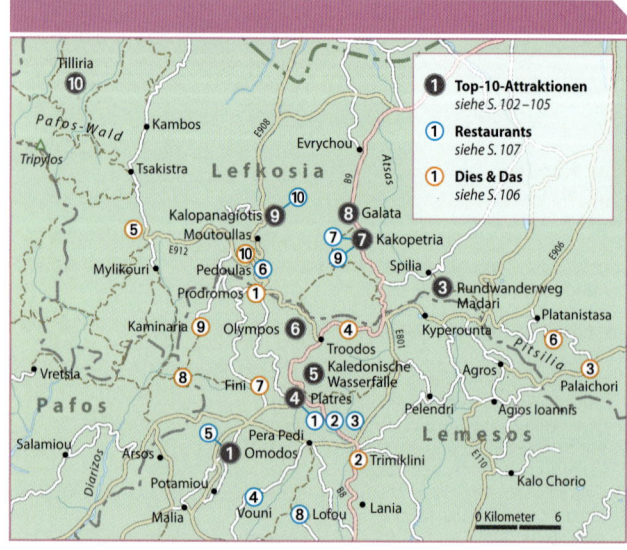

**Top-10-Attraktionen**
*siehe S. 102–105*

**Restaurants**
*siehe S. 107*

**Dies & Das**
*siehe S. 106*

**Vorhergehende Doppelseite** Ruine der Burg St. Hilarion, Kyrenia

Panagia Asinou, eine der mit Fresken verzierten Kirchen in der Region

## ② Fresken der Troodos-Kirchen

Die in den abgeschiedenen Tälern des Troodos-Gebirges gelegenen Klosterkapellen und Kirchen bergen wunderbare frühchristliche Kunstwerke. Die Fresken haben den Aufstieg und den Untergang des Byzantinischen und Osmanischen Reichs und der britischen Herrschaft überdauert. Einige der Kirchen sind über 1000 Jahre alt und nicht minder beeindruckend als die großen Kathedralen der Welt *(siehe S. 28f)*.

## ③ Rundwanderweg Madari

Karte D4

Der beste Ausgangspunkt für die Wanderung ist die Nebenstraße, die die Dörfer Kyperounta und Spilia verbinden. Ein Schild kennzeichnet den Beginn des Wegs. Alternativ kann man beim Feuerwachturm auf dem Adelfi-Gipfel starten. Um die herrlichen Ausblicke über die Insel und den Weg durch den dichten Wald in Ruhe genießen zu können, sollte man etwa drei Stunden einplanen. Zu Frühjahrsbeginn können die Pfade um den Olympos schneebedeckt sein.

## ④ Platres

Karte C5

Platres liegt oberhalb eines Bergbachs, der sich im Winter und im Frühling zu einem reißenden Strom entwickelt. Das südliche Tor zum Troodos-Gebirge ist der meistbesuchte Ort in der Region. Er bietet Restaurants, Souvenirläden und Unterkünfte. Wander- und Radwege machen das selbst im Hochsommer kühle Platres zur idealen Basis für Ausflüge. Die Ortschaft ist unterteilt in die Viertel Pano Platres (»Oberstadt«) und das traditionellere Kato Platres (»Unterstadt«).

Bergbach nahe Platres

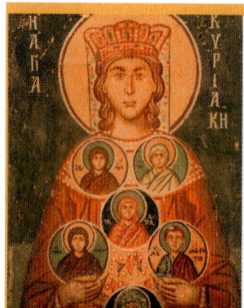

### Ikonen & Fresken

Fast keiner der Maler der Ikonen und Fresken in den Troodos-Kirchen ist namentlich bekannt. Dem Glauben nach flohen viele der ältesten Ikonen im 8. Jahrhundert aus eigener Kraft nach Zypern, um der Zerstörung durch die Ikonoklasten, einer puristischen Gruppierung innerhalb des Christentums, zu entgehen. Häufige Themen der Fresken sind die Kreuzigung, die Auferstehung und das Jüngste Gericht mit Darstellungen von Heiligen und Märtyrern, Dämonen, Drachen und römischen Soldaten.

**Fresko in der Kirche Archangelos Michail**

### ❺ Kaledonische Wasserfälle
**Karte C5**

Der elf Meter hohe Wasserfall ist im Frühling, wenn die Bäche nach der Schneeschmelze viel Wasser führen, besonders eindrucksvoll. Der Name leitet sich vermutlich von dem griechischen Wort für Schwalben *(chelidonia)* ab, die an Sommerabenden über dem Wasserbecken auf Insektenjagd gehen *(siehe S. 54)*.

**Schneebedeckter Gipfel des Olympos**

### ❻ Olympos
**Karte C4**

Vom höchsten Gipfel des Troodos-Gebirges (1952 m) reicht die Aussicht bis zum Meer. Von Januar bis Anfang März finden Skifahrer hervorragende Bedingungen vor – der Olympos ist auch unter dem Namen Chionistra (»der Schneebedeckte«) bekannt. Im Sommer genießen Wanderer die kühle Bergbrise. Das namensgleiche, wesentlich höhere Bergmassiv auf dem griechischen Festland galt in der Antike als Sitz der Götter. Auf den griechischen Inseln und in Kleinasien gibt es noch viele weitere »Olympos« genannte Berge *(siehe S. 55)*.

### ❼ Kakopetria
**Karte D4**

Der Name des Dorfs (»böse Steine«) erklärt sich leicht durch einen Blick über die felsige Landschaft in der Umgebung. Das Dorf mit der bezaubernden traditionellen Architektur ist für die Einwohner Nikosias ein beliebtes Ziel für Wochenendausflüge. Kakopetria eignet sich gut als Basis für Touren zu einigen der Troodos-Kirchen *(siehe S. 43)*.

### ❽ Galata
**Karte D4**

In dem an einem Bergbach zwei Kilometer flussabwärts von Kakopetria gelegenen Dorf ragen die Balkone der hübschen Häuser scheinbar

**Das malerische Dorf Galata**

wenig trittsicher auf die Hauptstraße hinaus. In Galata befinden sich vier mit byzantinischen Fresken ausgestattete Kirchen: Die zum UNESCO-Welterbe gehörende Panagia tis Podithou *(siehe S. 29)* sowie Agios Sozomenos, Archangelos Michail und Panagia Theotokou.

### ⑨ Agios Ioannis Lampadistis

Das in seiner Art auf Zypern einzigartige Kloster wurde im 11. Jahrhundert an einer heiligen, schwefelhaltigen Quelle gegründet. Die Mönchszellen und die Außengebäude haben sich im Lauf der Jahrhunderte kaum verändert. Zu dem Komplex gehören drei Kapellen, die unter einem Schindeldach vereint sind. Zwei der Kapellen weisen aus dem 13. bis 15. Jahrhundert datierende Fresken auf *(siehe S. 28f)*.

**Mufflon an einem Berghang**

### ⑩ Tilliria
Karte C3

Die an der Westflanke des Troodos-Gebirges zu den Stränden abfallenden, kiefernbestandenen Hänge bilden die letzte unberührte Berg- und Waldlandschaft Zyperns. In dem von Wanderwegen durchzogenen, weitläufigen Gebiet bekommen aufmerksame Beobachter mit etwas Glück Mufflons zu sehen. Die ansonsten in freier Wildbahn fast ausgestorbenen Tiere leben hier noch in ihrer natürlichen Umgebung. Durch die Region führen nur zwei befestigte Straßen. Sie beginnen beide am Kloster Kykkos. Die eine führt nach Pachyammos, die andere Richtung Kato Pyrgos. In Tilliria haben Handys meist keinen Empfang.

**Wanderung**

▶ Beginnen Sie die Wanderung auf den Gipfel des **Olympos** am frühen Vormittag. Folgen Sie dem am Parkplatz in **Troodos** ausgeschilderten **Rundwanderweg Atalante** *(siehe S. 52)*. Die gesamte Strecke ist übersichtlich mit roten Punkten markiert. Der Rundweg führt durch Kiefern- und Wacholderwälder, in denen viele Vögel und Schmetterlinge leben. Zwischen den Bäumen sieht man in der Ferne gelegentlich die Ebenen und das Meer aufblitzen. Der 16 Kilometer lange Weg überwindet einen Höhenunterschied von lediglich rund 200 Metern. Er kann von durchschnittlich Trainierten an einem Vormittag absolviert werden. Unbedingt erforderlich sind jedoch bequeme Wanderschuhe, genügend Wasser, Hut und Sonnenschutz.

Nach etwa drei Stunden erreicht man die Stelle, an der der Rundwanderweg Atalante auf den **Naturpfad Artemis** *(siehe S. 53)* trifft. Folgen Sie dem Pfad hinauf zum Gipfel. Der Weg führt an interessanten Gesteinsformationen vorbei. Vom **Fremdenverkehrsbüro** aufgestellte Tafeln informieren über die für die Region typische Flora und Fauna. Im Frühling blühen am Weg Krokusse und Anemonen.

Auf dem Gipfel befinden sich die Ruinen einer Festung, die die Venezianer vergeblich zum Schutz gegen die einfallenden Osmanen errichteten.

Der Naturpfad Artemis führt Sie zurück nach Troodos. Belohnen Sie sich in **Platres** mit einer leckeren Mahlzeit in einer der Fischtavernen.

**Siehe Karte S. 102** ←

# Dies & Das

## (1) Prodromos
**Karte C4**

Prodromos ist die höchstgelegene Siedlung Zyperns: Das hübsche Dorf liegt 1440 Meter über dem Meeresspiegel an der Passstraße, die den Olympos mit Agios Ilias verbindet. Die Kirsch- und Orangenbäume in den umliegenden Hainen stehen im Frühjahr und zu Sommeranfang wunderschön in Blüte.

## (2) Trimiklini
**Karte D5**

Von dem Kloster (13. Jh.) ist nur die Kirche Panagia Trikoukiotissa verblieben. Diese birgt eine Marienikone, die dem Glauben nach verdörrten Feldern Regen bringt.

## (3) Palaichori
**Karte E4**

In dem Dorf im östlichen Troodos-Gebirge befinden sich zwei beindruckende Kirchen: Metamorfosis tou Sotiros *(siehe S. 28f.)*, die zum UNESCO-Welterbe gehört, und Panagia Chrysopantanassa.

## (4) Almyrolivado
**Karte D4**

Der Wacholderbaum an dem See ist angeblich der älteste Baum Zyperns.

## (5) Grab des Erzbischofs Makarios III.
**Karte C4**

Das auf einem Berg gelegene Grab des Erzbischofs Makarios III. *(siehe*

Grab des Erzbischofs Makarios III.

*S. 37)* wird rund um die Uhr von Wärtern bewacht. Die Stätte bietet einen fantastischen Blick über die Wälder.

## (6) Pitsilia
**Karte D4**

Die Dörfer in der Region Pitsilia leben hauptsächlich vom Anbau von Wein, Mandeln und Haselnüssen.

Anbaugebiet in der Region Pitsilia

## (7) Fini
**Karte C5 ▪ Pilavakio Museum: tägl. 10–13 Uhr; Eintritt**

Fini ist für Töpferwaren bekannt. Das Pilavakio Museum zeigt diese und andere traditionelle Objekte.

## (8) Elia-Brücke
**Karte C5**

Die höchste Steinbrücke im Troodos-Gebirge zeugt von der Baukunst der Venezianer, die in dieser Region eine Karawanenroute anlegten.

## (9) Kaminaria
**Karte C4**

Die Kapelle Panagia Kardovastazousa (16. Jh.) in Kaminaria birgt vom Lusignan-Stil beeinflusste Fresken.

## (10) Marathasa-Tal
**Karte C4**

Die Bergdörfer Pedoulas und Moutoullas sind Ausgangspunkte für Ausflüge in das Marathasa-Tal, in dem sich Kirschplantagen befinden.

# Restaurants

**1 The Village Restaurant, Platres**

Karte C5 ■ Makariou 26
■ +357 25 422 777 ■ €

Im Sommer locken Tische auf der Terrasse, im Winter der gemütliche Gastraum. Es werden *mezedes*-ähnliche Vorspeisen und täglich wechselnde Hauptgerichte angeboten.

**2 Psilo Dendro Trout Farm & Restaurant**

Karte C5 ■ Schlucht von Psilo Dendro
■ +357 25 813 131 ■ €

Die Forellen werden auf Bestellung frisch von der Farm gefischt und im Restaurant zubereitet. Im Sommer ist Reservierung unerlässlich.

**3 To Anoï, Platres**

Karte C5 ■ Olympou, Pano Platres ■ +357 25 422 900 ■ €

Das Lokal – eine Mischung aus traditionellem Café und Pub englischen Stils – bietet Bier, alkoholfreie Getränke, Kebabs, Sandwiches und andere Snacks sowie Eiscreme.

**4 Takis Taverna, Vouni**

Karte C5 ■ Zentrum von Vouni
■ +357 25 943 631 ■ €

Die Taverne bietet eine täglich wechselnde Auswahl von *mezedes* zum Festpreis. Reservierung empfiehlt sich vor allem sonntagnachmittags, wenn Livemusik gespielt wird.

**5 Katoi, Omodos**

Karte C5 ■ Linou 25
■ +357 99 674 444 ■ €€

In dem Restaurant sind *mezedes* und Wein aus der Region die beste Wahl. Das Katoi bietet zwei Gasträume und zwei Sitzbereiche im Freien, dennoch ist vor allem am Wochenende Reservierung unerlässlich.

**6 Platanos, Pedoulas**

Karte C4 ■ +357 22 952 518 ■ €

In dem ruhig gelegenen, traditionellen *eksochiko kendro* (ländliche Taverne) werden unter einer Platane zyprische Speisen serviert.

**7 Tziellari, Kakopetria**

Karte D4 ■ +357 22 922 522
■ Winter: Mo – Mi geschl. ■ €€

Der aus Argentinien stammende Küchenchef bietet in dem kleinen, gemütlichen Restaurant Speisen aus seiner Heimat an, darunter Grillgerichte und *empanadas*.

**8 Lofou Taverna, Lofou**

Karte C5 ■ +357 25 470 202 ■ €

In der Taverne werden *mezedes* in großen Portionen serviert. Manchmal greifen der Inhaber Kostas und seine Freunde zu Gitarre und Mandoline. An Wochenenden herrscht reger Betrieb.

Die Taverne Lofou

**9 Mylos Restaurant, Kakopetria**

Karte D4 ■ Mill Hotel
■ +357 22 922 536 ■ 🦽 ■ €€

Spezialität des Restaurants, das zyprische Vorspeisen und internationale Gerichte serviert, ist Forelle.

**10 To Palio Sinema, Kalopanagiotis**

Karte D4 ■ Markou Drakou 40
■ +357 99 130 275 ■ €

»Das alte Kino« ist ein nettes Restaurant, das große Portionen zyprischer Gerichte serviert.

Siehe Karte S. 102 ←

# TOP 10 Nordzypern

Moscheen, Ruinen von Kreuzritterburgen und Kirchen, die im Mittelalter von den Venezianern und den Königen aus dem Haus Lusignan erbaut wurden, verleihen der Region historisches Flair. In Nordzypern – in der international nicht anerkannten Türkischen Republik – herrscht ein gemächlicher Rhythmus vor. Die Region bietet einsame Strände, alte Handelsrouten in zerklüfteter Berglandschaft mit herrlichem Meerblick und traditionelle, von Restaurants gesäumte Fischerhäfen.

**Fenster in der Selimiye-Moschee, Detail**

Fischerboote im Hafen von Kyrenia

### 1 Nord-Nikosia
**Karte P2**

Den nördlichen Teil Nikosias prägen alte, nicht mehr ganz intakte Häuser, quirlige Basare und mittelalterliche Monumente. Auffälligstes Wahrzeichen ist die Selimiye-Moschee, ein beeindruckendes Beispiel für die Verbindung von christlicher und islamischer Architektur.

### 2 Kyrenia (Girne)
**Karte F2**

Die Stadt erstreckt sich unterhalb des zerklüfteten Kyrenia-Gebirges an einem natürlichen Hafen. Sie wird von der venezianischen Burg dominiert, die jahrhundertelang Angriffen widerstand, bis sie 1570 von den Osmanen eingenommen wurde. In der Nähe von Kyrenia befinden sich die besten Hotels Nordzyperns *(siehe S. 130f)*.

### 3 Abtei Bellapais
**Karte F2** ▪ **tägl. 9–18.45 Uhr**
**(Okt–Mai: bis 17 Uhr)** ▪ **Eintritt**

Die um 1200 von einem Augustinischen Orden gegründete Abtei bezaubert mit gotischer Architektur

**Abtei Bellapais**

und wunderschönem Meerblick. Der Kreuzgang aus dem 14. Jahrhundert und das Refektorium sind besonders sehenswert.

### 4 Burg St. Hilarion
**Karte E2** ▪ **tägl. 9–17 Uhr**
**(Nov–Mai; bis 16.30 Uhr)** ▪ **Eintritt**

Die Gipfelburg wurde von den Herrschern aus dem Haus Lusignan auf den Fundamenten einer byzantinischen Festung errichtet. Legenden erzählen von einer versteckten Schatzkammer und einem verzauberten Garten. Die Burg St. Hilarion wurde zuletzt im 20. Jahrhundert von türkisch-zyprischen Kämpfern genutzt.

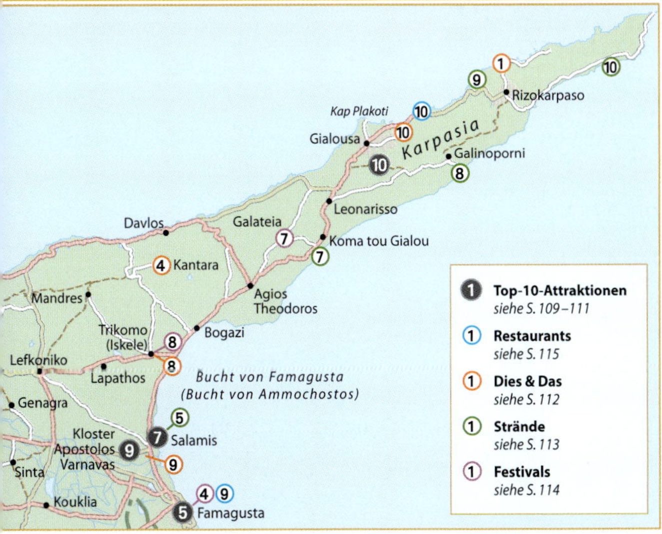

Kap Plakoti

Rizokarpaso

Gialousa

Karpasia

Galinoporni

Davlos

Galateia

Leonarisso

Koma tou Gialou

Kantara

Mandres

Agios
Theodoros

Trikomo
(Iskele)

Bogazi

Lefkoniko

Lapathos

*Bucht von Famagusta
(Bucht von Ammochostos)*

Genagra

Kloster
Apostolos
Varnavas

Salamis

Sinta

Kouklia

Famagusta

| | | |
|---|---|---|
| 1 | **Top-10-Attraktionen** *siehe S. 109–111* | |
| 1 | **Restaurants** *siehe S. 115* | |
| 1 | **Dies & Das** *siehe S. 112* | |
| 1 | **Strände** *siehe S. 113* | |
| 1 | **Festivals** *siehe S. 114* | |

Lala-Mustafa-Pascha-Moschee

### ⑤ Famagustas Altstadt
**Karte J4**

Die von einem venezianischen Festungsring umgebene Altstadt von Famagusta (Gazimağusa) birgt gotische und islamische Bauwerke. Die Lala-Mustafa-Pascha-Moschee, die einstige gotische Nikolauskathedrale – zieren elegante Säulengänge und eine Fensterrosette. Die Kanonenkugeln in den Straßen sind Relikte der acht Monate dauernden Belagerung von 1570/71. Die Burg am Hafen wird »Othello-Turm« genannt, da Shakespeares berühmtes Drama indirekt darauf Bezug nimmt.

### ⑥ Festung Kyrenia
**Karte F2** ▪ Juni – Okt: tägl. 9 – 19 Uhr; Nov – Mai: tägl. 9 – 13 Uhr & 14 – 16.45 Uhr ▪ Eintritt

Das Museum birgt das älteste Wrack der Welt: Das Schiff von Kyrenia sank um 300 v. Chr., 1967 wurde es geborgen. Zudem sind Grabbeigaben aus der Bronze- und Jungsteinzeit und dem Hellenismus ausgestellt.

**Geschichte von Salamis**

Das ursprünglich von den Mykenern besiedelte Salamis war ab dem 5. Jahrhundert v. Chr. der bedeutendste Stadtstaat Zyperns. Das Königtum leistete dem Persischen Reich Widerstand und verbündete sich mit Alexander dem Großen. Nach dessen Tod eroberte Ptolemäus I. den Stadtstaat. Nachdem das Chistentum in Zypern Einzug gehalten hatte, wurde Salamis erneut Hauptstadt der Insel. Im 4. Jahrhundert führte eine Reihe von Naturkatastrophen zum Untergang – die Stadt wurde unter Sand begraben. Jahrhunderte später legten Archäologen Fundamente und Artefakte *(rechts)* frei. Die Ausgrabungsarbeiten fanden jedoch durch die Ereignisse von 1974 ein vorläufiges Ende.

### ⑦ Salamis
**Karte J3** ▪ Juni – Okt: tägl. 9 – 19 Uhr; Nov – Mai: tägl. 9 – 13 Uhr & 14 – 16.45 Uhr ▪ Eintritt

Von dem einst mächtigsten Stadtstaat auf Zypern sind Mauerreste und Säulen erhalten. Salamis wurde vor mehr als 3000 Jahren gegründet. Die Stadt hatte die Führung über Zypern inne, bis sie im 4. Jahrhundert n. Chr. durch Erdbeben zerstört wurde. Archäologen legten hellenistische Mosaiken, römische Bäder, ein Amphitheater und zwei byzantinische Basiliken frei.

Festung Kyrenia

### 8 Burg Buffavento
**Karte F3 ▪ variierende Öffnungszeiten**

Die Burg wurde in fast 1000 Metern Höhe von Byzantinern errichtet, die vom Wachturm aus nach arabischen Seeräubern Ausschau hielten und Kyrenia vor Angriffen warnten. Von den windumtosten Ruinen der Festung eröffnet sich ein grandioser Blick auf die Küste – vor allem bei Sonnenuntergang, wenn am Horizont das von Lichtern erhellte Nikosia zu sehen ist.

### 9 Kloster Apostolos Varnavas
**Karte H3 ▪ Juni–Okt: tägl. 9–19 Uhr; Nov–Mai: tägl. 9–13 Uhr & 14–16.45 Uhr ▪ Eintritt**

Orthodoxe Pilger suchen das 1756 erbaute Kloster auf, da es die Grabkammer des aus Salamis stammenden hl. Barnabas birgt, der Zypern christianisierte. Seit 1974 fungieren die Mönchszellen als bedeutendstes archäologisches Museum Nordzyperns, das vor allem mit bronzezeitlichen Töpferwaren beeindruckt.

**Kloster Apostolos Varnavas**

### 10 Karpasia
**Karte K2**

Die lange, zerklüftete Halbinsel ist der unberührteste Teil der Insel. An den Küsten erstrecken sich Sandstrände. Auf Karpasia befinden sich einige historische Kirchen und das Kloster Apostolos Andreas, das mit finanzieller Unterstützung der UNO restauriert wird. Der heiligen Quelle des Klosters werden Heilkräfte zugesprochen.

## Spaziergang

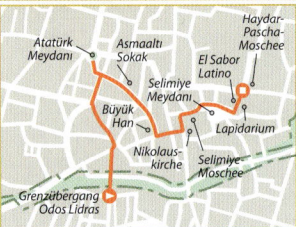

▶ Beginnen Sie den Spaziergang durch Nord-Nikosia am frühen Vormittag. Stöbern Sie nach Überqueren der Grenze am Übergang in der **Odos Lidras** an den Marktständen und gehen Sie zum **Atatürk Meydanı**, dem zentralen Platz in der Altstadt. Südöstlich erstrecken sich Gassen mit historischen Bauwerken.

Über die **Asmaaltı Sokak** gelangen Sie zur ehemaligen Karawanserei (16. Jh.) **Büyük Han**. Rund um den Innenhof liegen Ateliers, Werkstätten und ein nettes Café. Biegen Sie links ab zur **Selimiye-Moschee** mit der gotischen Fassade. Die Moschee, die durch Umwandlung der 700 Jahre alten Kirche Agia Sophia (Sophienkathedrale) entstand, ist das beeindruckendste Bauwerk in Nord-Nikosia. Hinter der Moschee führen Schilder zu dem kleinen Platz **Selimiye Meydanı** und zur Sultan-Mahmut-Bibliothek. Der achteckige Kuppelbau beherbergt islamische Handschriften und alte Korane. Gegenüber sind im **Lapidarium** Fragmente von Bauwerken aus verschiedenen Epochen und türkische Grabsteine zu sehen.

Südlich der Selimiye-Moschee steht die gotische **Nikolauskirche**, die unter den Osmanen zum Lagerhaus umfunktioniert wurde. Gehen Sie in nördlicher Richtung zur **Haydar-Pasche-Moschee**, die unter den Lusignan-Herrschern eine der hl. Katharina geweihte Kirche war. In der Moschee finden zuweilen Ausstellungen statt.

 Gehen Sie Richtung Selimiye-Moschee und kehren Sie im **El Sabor Latino** *(siehe S. 115)* ein.

**Siehe Karte S. 108f**

# Dies & Das

**(1) Agios Filon**
Karte L1 ▪ Karpasia
Die Ruinen der von Palmen flankierten Kapelle (10. Jh.) bieten einen romantischen Anblick. Der Boden des Bauwerks wurde in Opus-sectile-Technik gestaltet.

**(2) Volkskundemuseum, Kyrenia**
Karte F2 ▪ Juni–Okt: tägl. 9–14 Uhr; Nov–Mai: tägl. 9–13 Uhr & 14–16.45 Uhr ▪ Eintritt
Viele der ausgestellten Werkzeuge, z. B. die hölzerne Olivenpresse und der Dreschflegel, wurden erst in jüngster Zeit von modernen Gerätschaften abgelöst.

**(3) Palast von Vouni**
Karte C3 ▪ Sommer: tägl. 10–17 Uhr; Winter: tägl. 9–13 Uhr & 14–16.45 Uhr ▪ Eintritt
Der auf einem Hügel gelegene Palast, der vermutlich 480 v. Chr. von einem perserfreundlichen Herrscher erbaut wurde, war mit einem ausgefeilten Abwassersystem ausgestattet. Von der Stätte eröffnet sich ein herrlicher Blick aufs Meer.

**(4) Burg Kantara**
Karte J2 ▪ tägl. 10–19 Uhr (Winter: bis 14.45 Uhr) ▪ Eintritt
Die besterhaltenen Sektionen der hoch im Kyrenia-Gebirge gelegenen Burg sind der Südostturm, die Soldatenquartiere und die im Nordosten der Anlage gelegene Bastion.

*Ruinen der Burg Kantara*

**(5) Soloi**
Karte C3 ▪ Sommer: tägl. 9–19 Uhr; Winter: tägl. 9–13 Uhr & 14–16.45 Uhr ▪ Eintritt
In der Basilika der bis in die Eisenzeit zurückreichenden Siedlung zeigen Mosaiken Vögel und Delfine.

**(6) Lefka**
Karte C3
Die Piri-Osman-Pascha-Moschee umringen Palmen und Zitrushaine.

**(7) Kloster Antiphonitis**
Karte G2 ▪ Sommer: tägl. 9–14 Uhr; Winter: tägl. 9–13 Uhr & 14–16.45 Uhr
Die Kuppel der ansonsten stark beschädigten Kirche (12. Jh.) ziert ein Gemälde des Christus Pantokrator.

**(8) Trikomo (Iskele)**
Karte J3 ▪ Panagia Theotokos: Geçitkale; tägl. 9–17 Uhr; Eintritt
Die byzantinische Kirche in Trikomo ist mit Fresken aus dem 12. bis 15. Jahrhundert ausgestattet.

**(9) Königsgräber**
Karte J3 ▪ Juni–Okt: tägl. 9–19 Uhr; Nov–Mai: tägl. 9–13 Uhr & 14–16.45 Uhr ▪ Eintritt
Ein Großteil der in den Kammern aus der Bronzezeit gefundenen Grabbeigaben ist im Zypern-Museum ausgestellt *(siehe S. 14f)*.

**(10) Agia Trias**
Karte K1
Die Basilika in dem Ort besitzt Mosaiken aus dem 5. Jahrhundert.

# Stände

### 1 Acapulco Beach
Karte F2

Der schöne Sandstrand ist äußerst beliebt. An Sommerwochenenden, wenn die Einwohner Nord-Nikosias der drückenden Hitze in der Stadt entfliehen, ist er besonders gut besucht. Es gibt zahlreiche Wassersportmöglichkeiten und Restaurants. An dem Strand liegt das Acapulco Beach Club & Resort.

**Acapulco Beach**

### 2 Lara Beach
Karte F2

An dem vor zerklüfteten Felsen gelegenen Sandstrand finden Besucher Ruhe. Einige Stände verkaufen Snacks und kalte Getränke.

### 3 Alagadi Halk Plaji
Karte G2

Den nicht erschlossenen Sand- und Kiesstrand suchen Unechte Karett- und Grüne Meeresschildkröten, beides gefährdete Arten, zur Eiablage auf. Die Society for the Protection of Turtles (SPOT) schützt Gelege und Junge und bietet von Mai bis Oktober Führungen an, bei denen man die Tiere beobachten kann. Nahe dem Strand gibt es einige Restaurants.

### 4 Onüçüncü Mil
Karte G2

Der neben Alagadi Halk Plaji gelegene wunderschöne Sandstrand ist nicht erschlossen und wenig besucht. Er wird von grasbedeckten Dünen, Kiefern und zerklüften Kalksteinfelsen umrahmt.

### 5 Salamis
Karte J3

Nach einem Besuch der antiken Stätte *(siehe S. 110)* lädt der lange Strand zum Sonnenbaden ein. In dem von einem Riff geschützten klaren Wasser kann man gut schnorcheln.

### 6 Beşinci Mil
Karte E2

An dem kleinen Sandstrand nahe Agios Georgios werden Liegen vermietet. Schwimmer können den vorgelagerten Felsen ansteuern.

### 7 Paloura
Karte K2

Den hübschen Sandstrand an klarem blauen Wasser säumen Imbissstände und ein Hotel.

### 8 Skoutari
Karte L2

Der lange Sand- und Kiesstrand befindet sich an der Südküste der Halbinsel Karpasia. Die vorgelagerte Insel Kilas bietet Schnorchlern beste Bedingungen.

### 9 Ronnas
Karte L1

An dem großen, ruhigen Strand an der Nordküste der Halbinsel Karpasia legen Schildkröten ihre Eier ab. Dahinter liegt ein Kiefernwald.

**Der »Goldene Strand« Nankomi**

### 10 Nankomi
Karte M1

Der »Goldene Strand« erstreckt sich fünf Kilometer lang vor einer Dünenlandschaft im Süden der Halbinsel Karpasia.

**Siehe Karte S. 108f**

# Festivals

**1 International Bellapais Music Festival**

Mai / Juni ■ www.bellapaisfestival.com

Die alljährlich im Frühling im Refektorium der Abtei Bellapais *(siehe S. 109)* veranstalteten klassischen Konzerte locken Musiker und Musikliebhaber aus aller Welt an.

**2 Lapta Turizm Festivali**

Juni

Bei dem Festival, das sich über mehrere Tage erstreckt, treten Volkstanzgruppen aus aller Welt auf. Außerdem geben türkische Musiker Konzerte.

Orangenfest, Güzelyurt

**3 Orangenfest, Güzelyurt (Morfou)**

Juni / Juli

In Nordzyperns wichtigster Anbauregion für Zitrusfrüchte feiert man seit 1977 ein Fest, das ursprünglich der Orangenernte galt. Heute finden zudem Konzerte, Wettbewerbe und Kunstausstellungen statt.

**4 Iskele (Trikomo) Festival**

Juni – Juli

Das Festival umfasst Kostümbälle, Autorennen, eine Parade und einen Schönheitswettbewerb.

**5 International Famagusta Art & Culture Festival**

Juni – Juli

Das Festival im antiken Theater von Salamis mit Konzerten von Klassik bis Rock genießt großes Renommee. Es nehmen türkische Musiker und Ensembles aus aller Welt teil.

**6 Weinfest, Mehmetcik (Galateia)**

Aug

In dem Dorf in der größten Weinbauregion Karpasias feiert man den Abschluss der Weinsaison mit Musik, Tanz, Süßspeisen, Wein und *zivania*.

**7 Theaterfestival, Nord-Nikosia**

Mitte Aug – Sep

Das erstklassige Festival, das im Atatürk Cultural & Congress Centre der Near East University stattfindet, umfasst in der Regel acht Aufführungen.

**8 Olivenfest, Kyrenia (Girne)**

Okt

Zur Feier der Olivenernte treten Volksmusikgruppen und Tänzer auf. In dem Dorf Zeytinlik (Templos) werden an Ständen Speisen und Getränke angeboten. Zentrum der Festlichkeiten ist die Festung Kyrenia *(siehe S. 110)*.

**9 Kurban Bayramı (Opferfest)**

Termine variieren nach dem islamischen Kalender

Bei dem höchsten islamischen Fest wird der Bereitschaft Abrahams gedacht, Allah seinen Sohn Ismael zu opfern. Der Tradition folgend werden Schafe geschlachtet.

**10 Şeker Bayramı (Zuckerfest)**

Termine variieren nach dem islamischen Kalender

Das Ende des muslimischen Fastenmonats Ramadan wird mit Festen und Familienfeiern begangen. Vor allem der erste Abend (Arife) wird in Sonntagskleidung festlich gestaltet.

# Restaurants

**1 Şeher'de Meyhane, Nord-Nikosia**
Karte P2 ▪ Şehit Ecvet Yusuf Caddesi
▪ +90 533 862 0606 ▪ €€

Das traditionelle Restaurant *(meyhane)* serviert zu exzellenten Speisen erstklassigen *raki*.

**2 Jashan, Kyrenia**
Karte F2 ▪ Karaoğlanoğlu Caddesi ▪ +90 542 850 95 00 ▪ www.jashangroup.com ▪ €€€

Die Küche vereint Rezepte aus Indien, Pakistan und Bangladesch.

**3 Archway, Kyrenia**
Karte F2 ▪ Zeytinlik (Templos), Dereboyu Sokak 7 ▪ +90 392 816 03 53 ▪ www.archwayrestaurant.com ▪ €€

Das Restaurant lockt Fleischliebhaber mit Kebabs und Grillgerichten à la carte. Die Einrichtung ist dem traditionellen ländlichen Stil nachempfunden. Die Weinkarte ist gut.

Sedirhan, Nikosia

**4 Anı, Agios Epiktitos (Çatalköy)**
Karte F2 ▪ Şehit Zeka Adil Caddesi
▪ +90 392 824 43 55 ▪ €€

Das Restaurant bietet Fischgerichte und *mezedes* an. Die Spezialität des Hauses *lahoz* (Weißer Zackenbarsch) muss man vorbestellen.

**5 Old Grapevine Restaurant, Kyrenia**
Karte F2 ▪ Ecevit Caddesi
▪ +90 392 815 24 96 ▪ €€

Das Lokal mit dem Flair eines britischen Pubs ist bei Einheimischen äußerst beliebt. In hübscher Einrichtung genießt man köstliche Speisen.

**6 Yorgo Kasap Restaurant, Kormakitis (Koruçam)**
Karte D2 ▪ Ortszentrum
▪ +90 548 864 27 72 ▪ €€

Die von Maroniten geführte Taverne bietet ausschließlich *mezedes* an, darunter exzellenten *kleftiko*. Sie empfiehlt sich auf der Fahrt nach Soloi oder Vouni als Zwischenstopp.

**7 El Sabor Latino, Nord-Nikosia**
Karte P2 ▪ Selimiye Meydanı 29
▪ +90 392 228 83 22 ▪ €€

Das nahe der Selimiye-Moschee gelegene Restaurant ist bei Einheimischen beliebt. Es bietet italienische, baskische und spanische Küche.

**8 Sedirhan, Nord-Nikosia**
Karte P2 ▪ Büyük Han
▪ +90 392 228 77 60 ▪ 🛗 ▪ €

Das Lokal, das *börek* (gefüllte Pasteten) und andere Snacks serviert, ist im Innenhof von Büyük Han wunderschön gelegen.

**9 Gingko, Famagusta (Gazimağusa)**
Karte J4 ▪ Liman Yolu 1 (nahe der Lala-Mustafa-Pascha-Moschee) ▪ +90 542 850 25 35 ▪ €

Allein die Lage in einer mit Kuppeln und Bogengängen versehenen mittelalterlichen Medrese beeindruckt. Die Küche ist international.

**10 Alevkayalı, Gialousa (Yenierenköy)**
Karte K1 ▪ +90 533 876 09 11 ▪ €

Auf der Terrasse genießt man bei tollem Blick exzellenten Fisch.

---

**Preiskategorien**
Preis für ein Drei-Gänge-Menü pro Person mit einer halben Flasche Wein, inklusive Steuern und Service.

€ unter 25 €   €€ 25–50 €   €€€ über 50 €

---

Siehe Karte S. 108f

# Reise-Infos

Straßencafés, Limassol

# Anreise & Auf Zypern unterwegs

## Anreise mit dem Flugzeug

Die beiden internationalen Flughäfen auf Zypern, **Larnaka** und **Pafos**, werden von mehreren europäischen Fluglinien regelmäßig bedient. Von Deutschland, Österreich und der Schweiz bieten unter anderem **Lufthansa**, **Austrian** und **Swiss** sowie das griechische Unternehmen **Aegean Airlines** Linienflüge an.

Von vielen europäischen Hauptstädten aus bieten auch Charterfluggesellschaften Verbindungen nach Zypern – einige das ganze Jahr hindurch, die meisten jedoch nur von April bis Oktober. Die Buchung »nur Flug« ist grundsätzlich möglich, die meisten Sitze sind jedoch Teil von Pauschalangeboten.

Die meisten Urlauber besuchen Zypern im Rahmen einer Pauschalreise. Diese Pakete, zu denen Flug, Unterkunft, Flughafentransfer und oft auch ein Mietwagen gehören, sind meist die preisgünstigste Option. Linienflüge können teurer sein, andererseits sind sie flexibler und bieten mehr Komfort.

Die türkischen Fluggesellschaften **Turkish Airlines** und **Pegasus Airlines** verbinden Nordzypern mit Ankara, Istanbul und weiteren Städten in der Türkei. Alle Linien- und Charterflüge zum 14 Kilometer östlich von Nikosia gelegenen Flughafen **Ercan**, dem einzigen Flughafen im Nordteil der Insel, gehen über die Türkei. Aus anderen Ländern gibt es keine Direktflüge nach Nordzypern.

Viele Besucher mit dem Reiseziel Nordzypern wählen einen Linienflug nach Larnaka und überqueren an den Übergängen in Nikosia oder Pergamos die Grenze. Diese Form der Anreise setzt die Buchung einer Transfermöglichkeit, zum Beispiel in Form eines Mietwagens, voraus.

Am einfachsten besucht man den Norden im Rahmen einer Pauschalreise. Das Nordzypern Tourismuszentrum informiert über Veranstalter (siehe S. 123).

## Anreise mit dem Schiff

Zypern ist für Kreuzfahrten das Tor zum östlichen Mittelmeer und zum Nahen Osten. Kreuzfahrtschiffe legen meist im neuen Hafen von Limassol an, der sich vier Kilometer westlich des Ortszentrums befindet.

Vom griechischen Hafen Piräus und von den griechischen Inseln Patmos und Rhodos bestehen Fährverbindungen nach Limassol.

Obwohl Zypern nicht an den Hauptsegelrouten im östlichen Mittelmeer liegt, bietet sich der Süden der Insel als Zwischenstopp an, vor allem bei langen Törns vom griechischen Rhodos oder von der türkischen Ägäisküste. Schiffe, die im Süden anlegen möchten, dürfen zuvor keine Häfen im Norden der Insel anfahren.

Von der Türkei fahren regelmäßig Fähren nach Nordzypern. Fahrpläne sind beim Nordzypern Tourismuszentrum (siehe S. 123) erhältlich.

## Auto

Den Süden Zyperns erkundet man am besten mit dem Auto. Die Straßen sind in der Regel gut, Autobahnen verbinden Nikosia mit Larnaka, Limassol, Pafos und Agia Napa. Die Entfernungen sind kurz: Zwischen Pafos und Nikosia liegen nur 160 Kilometer. Auf Zypern herrscht Linksverkehr. Im Süden sind Straßenschilder griechisch und englisch beschriftet. Distanzen und Tempolimits sind in Kilometern angegeben.

Mietwagenfirmen wie **Avis**, **Budget** und **Hertz** betreiben Filialen in Nikosia, Limassol, Larnaka, und Pafos (auch an den internationalen Flughäfen). Fahrer müssen mindestens 21 Jahre alt sein und einen gültigen nationalen oder internationalen Führerschein sowie eine Kreditkarte vorlegen.

Einige Firmen gestatten die Nutzung der Wagen für Fahrten nach Nordzypern. Vor der Grenzüberquerung ist jedoch eine zusätzliche Haftpflichtversicherung abzuschließen.

In Nordzypern bietet **Sun Rent a Car** Mietwagen, die großen internationalen Firmen sind nicht vertreten. Für Fahrer gilt ein Mindestalter von 18 Jahren. Fahrten nach Südzypern sind mit Mietwagen nicht erlaubt.

## Busse

In Südzypern betreibt jeder Inselbezirk eine eigene Busgesellschaft. Die Fahrpreise sind günstig. **IntercityBuses** bietet Verbindungen zwischen den größeren Städten – bei der Buchung von Hin- und Rückfahrten gibt es oft Ermäßigungen. Busse von **EMEL**, **Osea**, **Osel** und **Zinonas** verbinden abgelege Dörfer mit der nächsten größeren Stadt. Sie fahren nur frühmorgens und nachmittags.

Vom Flughafen in Larnaka fahren mehrere Linien zum Busbahnhof der Stadt (Fahrtzeit ca. 15 Minuten). In Pafos bietet **Osypa** im 30-Minuten-Takt Verbindungen vom Flughafen zum rund acht Kilometer entfernten Hafen in Kato Pafos.

Die Busse in Nordzypern werden von privaten Unternehmen betrieben. Informationen bietet das Nordzypern Tourismuszentrum *(siehe S.123)*.

## Taxi

Taxis kann man an der Straße heranwinken oder telefonisch bestellen. Vielerorts gibt es Taxistände. Die Wagen sind meist mit Klimaanlagen ausgestattet. Taxiunternehmen findet man auf **CyprusNet**. **George Cyprus Taxi** bietet in Larnaka Verbindungen vom Flughafen, Taxis von **Kapnos Airport Shuttle** fahren von Nikosia zu den Flughäfen in Larnaka und Pafos. Zwischen größeren Städten verkehren Sammeltaxis von **Travel & Express**, die ihre Passagiere von Tür zu Tür bringen.

Da in Nordzypern Taxameter nicht generell genutzt werden, sollte man vor Fahrtantritt unbedingt den Preis vereinbaren. Ein zuverlässiges Unternehmen ist **Kyrenia Taxi**.

## Fahrrad

Zypern eignet sich, außer in der Hitze des Hochsommers, hervorragend zum Radfahren. Eine Broschüre der Cyprus Tourism Organization *(siehe S. 123)* informiert über die Mountainbikestrecken im Süden. In Ferienorten wie Agia Napa, Pafos, Limassol und Larnaka gibt es Radwege. Auf der ganzen Insel kann man, zum Beispiel bei **MTB Cyprus** und **Cycle in Cyprus**, Fahrräder leihen. Im Norden der Insel sind es keine Radwege vorhanden.

**Flughäfen**

**Ercan**
ercanairport.net

**Larnaka**
hermesairports.com

**Pafos**
hermesairports.com

**Fluggesellschaften**

**Aegean Airlines**
aegeanair.com

**Austrian**
austrian.com

**Lufthansa**
lufthansa.com

**Pegasus Airlines**
flypgs.com

**Swiss**
swiss.com

**Turkish Airlines**
turkishairlines.com

**Mietwagen**

**Avis**
avis.de

**Budget**
budget.com.cy

**Hertz**
hertz.com.cy

**Sun Rent a Car**
sunrentacar.com

**Busse**

**EMEL**
limassolbuses.com

**IntercityBuses**
intercity-buses.com

**Osea**
osea.com.cy

**Osel**
osel.com.cy

**Osypa**
pafosbuses.com

**Zinonas**
zinonasbuses.com

**Taxis Südzypern**

**CyprusNet**
cyprustaxi.com

**George Cyprus Taxi**
georgecyprustaxi.com

**Kapnos Airport Shuttle**
kapnosairportshuttle.com

**Travel & Express (Sammeltaxis)**
travelexpress.com.cy

**Taxis Nordzypern**

**Kyrenia Taxi**
kyreniataxiservice.com

**Fahrräder**

**Cycle in Cyprus**
cycle-in-cyprus.com

**MTB Cyprus**
mountainbikecyprus.com

# Praktische Hinweise

### Einreise

Für die Einreise nach Süd- und Nordzypern benötigen Bürger aus EU-Staaten und der Schweiz einen gültigen Personalausweis oder Reisepass. Sie dürfen ohne Visum 90 Tage bleiben. Kinder brauchen eigene Ausweisdokumente. Die Anforderungen einzelner Fluggesellschaften an die mitzuführenden Dokumente weichen zum Teil von den staatlichen Regelungen ab.

Da die Republik Zypern die Nutzung der Flug- und Seehäfen in Nordzypern als illegale Einreise betrachtet, behält sie sich vor, Besucher, die im Norden ankommen und anschließend den Süden besuchen, strafrechtlich zu verfolgen. Die zur Erleichterung der Grenzüberquerung festgelegte Praxis des »innerzyprischen Reiseverkehrs« ermöglicht jedoch grundsätzlich einen problemlosen Übertritt zwischen den beiden Landesteilen: Besucher können an den dafür vorgesehenen Übergängen (siehe S. 72) nach Vorlage von Pass oder Personalausweis die »Green Line« passieren.

### Zoll

EU-Bürger dürfen bis zu 110 Liter Bier, 90 Liter Wein, 60 Liter Schaumwein, 20 Liter Likörwein und zehn Liter Spirituosen zollfrei ein- und ausführen. Die Mitnahme von einem Kilogramm Tabak, 200 Zigarren, 400 Zigarillos und 800 Zigaretten ist ebenfalls gestattet. Die Ein-/Ausfuhr von Bargeld ist ab einer Höhe von 10 000 Euro anzumelden. Die Ausfuhr von Antiquitäten ist verboten.

Beim Überqueren der innerzyprischen Landesgrenze dürfen Waren zum persönlichen Gebrauch im Wert von 260 Euro (darunter fallen 40 Zigaretten und ein Liter Spirituosen) mitgeführt werden. Die Mitnahme von lebenden Tieren und von Tierprodukten ist verboten. Die Einfuhr von gefälschter Designerware und Diesel-Treibstoff von Nordzypern in den Süden ist nicht gestattet.

Weitere Informationen liefert die Website der zyprischen **Zollbehörde**.

### Reise- & Sicherheitshinweise

Aufgrund unvorhersehbarer Entwicklungen kann es zu Änderungen und Einschränkungen kommen. Aktuelle Informationen zur Einreise sowie Sicherheitshinweise finden Sie beim deutschen **Auswärtigen Amt**, beim österreichischen **Bundesministerium für europäische und internationale Angelegenheiten** oder beim **Eidgenössischen Departement für auswärtige Angelegenheiten** der Schweiz.

### Botschaften

Bei Problemen wie dem Verlust von Ausweisdokumenten erhalten Reisende von den Botschaften ihrer Heimatländer Unterstützung.

### Versicherung

Mit der Europäischen Versicherungskarte (EHIC) genießen EU-Bürger auch in der Republik Zypern Krankenversicherungsschutz. Der Abschluss einer Reisekrankenversicherung, die im Notfall auch den Rücktransport ins Heimatland abdeckt, ist empfehlenswert.

Für Reisen nach Nordzypern ist eine Reisekrankenversicherung dringend anzuraten, da gesetzliche Krankenkassen etwaige Kosten für Behandlungen nicht übernehmen.

### Gesundheit

Für eine Zypernreise sind keine besonderen Impfungen erforderlich.

Standorte von Apotheken in Südzypern kann man bei der Telefonauskunft erfragen oder der Website von *Cyprus Mail* entnehmen. Verschreibungspflichtige Medikamente bringt man besser von zu Hause mit.

Die staatlichen Krankenhäuser in **Nikosia**, **Larnaka**, **Famagusta**, **Limassol**, **Pafos** und **Polis Chrysochous** haben Notaufnahmen. Zahnärzte praktizieren in allen größeren Ferienorten und Städten. Hotels können oft Empfehlungen geben.

### Sicherheit

Die Kriminalitätsrate auf Zypern ist niedrig. Gegen Diebstahldelikte kann man sich durch die üblichen Vorsichtsmaßnahmen schützen. Melden Sie den Verlust Ihrer Kreditkarte sofort. In den Ferienorten Südzyperns sind Trickbetrüger nicht selten *(siehe S. 124)*.

## Geld

In der Republik Zypern gilt der Euro, in Nordzypern die Türkische Lira, doch auch der Euro wird dort meist akzeptiert.

Im Süden kann man in allen größeren Städten an Bankautomaten mit Giro- oder Kreditkarte und PIN rund um die Uhr Geld abheben. Im Norden gibt es nur in Kyrenia, Nikosia und Famagusta zuverlässig funktionierende Automaten. Kreditkarten werden im Süden weithin, im Norden selten akzeptiert.

## Telefon, Handy & Internet

Die Ländervorwahl für Südzypern lautet 0357, für Nordzypern 0090 392 (bzw. 0090 533/542/535 für Mobilfunknummern). Für Gespräche von Zypern ins Ausland wählt man die Landesvorwah-

len 0049 für Deutschland, 0043 für Österreich, 0041 für die Schweiz, danach die Vorwahl ohne die 0.

Seit der Abschaffung der Roaming-Gebühren telefonieren Urlauber in Südzypern ohne zusätzliche Kosten auf Basis ihres Mobilfunkvertrags. Für Telefonate mit dem Handy in Nordzypern empfehlen sich Prepaid-SIM-Karten von türkischen Telefongesellschaften.

WLAN ist auf Zypern weitverbreitet.

---

**Zoll**

**Zyprische Zollbehörde**
w mof.gov.cy

**Reise- & Sicherheitshinweise**

**Auswärtiges Amt (Deutschland)**
w auswaertiges-amt.de

**Bundesministerium für europäische und internationale Angelegenheiten (Österreich)**
w bmeia.gv.at

**Eidgenössisches Departement für auswärtige Angelegenheiten (Schweiz)**
w eda.admin.ch

**Botschaften**
Deutschsprachige Vertretungen gibt es nur im Südteil der Insel.

**Deutschland**
Nikitaras 10, 1080 Nikosia
c +357 22 790 000
w nikosia.diplo.de

**Österreich**
Dimosthenous Severi 34, 1080 Nikosia
c +357 22 410 151
w bmeia.gv.at

**Schweiz**
Prodromou & Dimitrakopoulou 2, 1090 Nikosia
c +357 22 466 800
w eda.admin.ch

**Gesundheit**

**Notrufnummern Südzypern**

**Polizei, Krankenwagen & Feuerwehr**
112 oder 199

**Waldbrände**
1407

**Notrufnummern Nordzypern**

**Polizei**
c 155

**Krankenwagen**
c 112

**Feuerwehr**
c 199

**Waldbrände**
c 177

**Cyprus Mail**
w cyprus-mail.com

**Telefonauskunft Südzypern**
c 11892 (national)
c 11894 (international)

**Telefonauskunft Nordzypern**
c 192

**Krankenhäuser**

**Famagusta General Hospital**
Ippokratous, Paralimni
c +357 23 200 000

**Larnaka General Hospital**
Pandoras
c +357 24 800 500

**Limassol General Hospital**
Nikaias
c +357 25 801 100

**Nicosia General Hospital**
Lemesou, Strovolos
c +357 22 603 000

**Pafos General Hospital**
c +357 26 803 100

**Polis Chrysochous General Hospital**
c +357 26 821 800

**Kreditkartenverlust**

**Allg. Notrufnummer**
c +49 116 116

**American Express**
c +49 69 97 972 000

**Diners Club**
c +49 69 900 150 135

**Girocard**
c +49 69 74 0987

**MasterCard**
c +357 80 90 569 oder +49 800 071 3542

**Visa**
c +49 800 811 8440

## Post

Briefkästen auf Zypern sind gelb. In den meisten Hotels kann man Briefe auch an der Rezeption aufgeben.

Die Hauptpostämter in Nikosia, Larnaka, Pafos und Limassol sind montags bis freitags von 8 bis 17.30 Uhr geöffnet. Die Postämter Nordzyperns haben montags bis freitags von 8 bis 13 Uhr und 14 bis 17 Uhr geöffnet. Samstags öffnen sie von 9 bis 12 Uhr. Die Zustellung von Sendungen aus Nordzypern dauert länger, da der Postversand über die Türkei abgewickelt wird.

## Radio & Fernsehen

In Südzypern werden die meisten Radio- und Fernsehsendungen in griechischer Sprache, im Norden auf Türkisch ausgestrahlt. In Südzypern bietet der staatliche Sender Cyprus Broadcasting Corporation (CYBC) täglich um 13.30 Uhr im Radio Nachrichten auf Englisch (91.1FM), um 9.10 Uhr im Fernsehen auf Kanal 2. In Nordzypern sendet Bayrak International in englischer Sprache (105 FM). In den meisten Hotels kann man ausländische TV-Sender empfangen.

## Zeitungen

In Südzypern werden die englischsprachigen Zeitungen *Cyprus Mail* und *News in Cyprus* publiziert. Die größte Tageszeitung im Norden ist *Hürriyet*. Deutsche Zeitungen sind in beiden Landesteilen meist einen Tag nach

Erscheinungsdatum erhältlich. *Cyprus Events* bietet Veranstaltungshinweise.

## Öffnungszeiten

Läden haben an Werktagen von 9 bis 19 Uhr geöffnet. Sie schließen mittags über längere Zeit. Mittwochs und samstags haben sie nur bis 14 Uhr geöffnet. Große Supermärkte kann man auch sonntags aufsuchen.

In Südzypern sind Banken montags bis samstags von 8.30 bis 12.30 Uhr geöffnet. In Nordzypern öffnen sie montags bis freitags von 8 bis 13.30 Uhr und 14.30 bis 18.30 Uhr, an Samstagen von 8 bis 12 Uhr.

Restaurants haben meist täglich von 11 bis 15 Uhr und 19 bis 23 Uhr geöffnet.

Die Öffnungszeiten von Museen variieren und können sich ohne Vorankündigung ändern.

## Zeit

Die Differenz zur Mitteleuropäischen Zeit beträgt plus eine Stunde. Von März bis Oktober wird in Südzypern auf Sommerzeit umgestellt.

## Strom

Die Stromspannung beträgt auf Zypern 240 Volt bei 50 Hz Wechselstrom. Steckdosen sind dreipolig. Adapter sind im Handel erhältlich.

## Wetter

Zypern ist ganzjährig ein lohnendes Reiseziel. Die Temperaturen an der Küste sinken selten unter

15 °C, allerdings fällt im Troodos-Gebirge häufig Schnee. Dezember, Januar und Februar sind die kühlsten Monate mit den meisten Niederschlägen, in den Monaten Juli und August klettert das Thermometer bis auf 40 °C.

## Behinderte Reisende

Einige wenige archäologische Stätten, Museen und andere Attraktionen bieten Informationen in Brailleschrift oder Audioführer. Induktive Höranlagen sind ebenfalls selten vorhanden. Die meisten Sehenswürdigkeiten, Läden und öffentlichen Gebäude sind mit Rollstuhlrampen ausgestattet. Der Zugang zu archäologischen Stätten und Museen in älteren Gebäuden ohne Aufzug ist für Menschen mit körperlichen Einschränkungen oft schwierig.

Hotels sind vor allem in Südzypern in der Mehrzahl mit Rampen und Aufzügen ausgestattet, an Straßenkreuzungen findet man zunehmend behindertengerechte Übergänge.

## Information

Die für den Südteil der Insel zuständige **Cyprus Tourism Organization** (CTO) unterhält Büros in Deutschland und der Schweiz. In den zahlreichen Büros der CTO in Südzypern erhält man Karten und Informationen über die Insel.

Das **Nordzypern Tourismuszentrum** betreibt Büros in den größeren Städten vor Ort und eine Niederlassung in Berlin.

Es bietet unter anderem Informationen über Reiseveranstalter.

## Führungen

Informationen über Stadtführungen bieten die jeweiligen Büros des CTO. In Nikosia veranstaltet die Cyprus Tourism Organization zweimal pro Woche kostenlose Führungen durch die Altstadt *(siehe S. 64)*. In Pafos, Limassol, Larnaka und einigen anderen Städten gibt es ähnliche Angebote. Die Büros informieren auch über Ausflüge in die Umgebung.

In Pafos bietet **City-Sightseeing** Stadtrundfahrten in roten Doppeldeckerbussen an. Die Busse starten alle 90 Minuten. Passagiere können an den Haltestellen beliebig aus- und zusteigen *(siehe S. 58)*.

**Larnaka City Cruisers** bietet die Möglichkeit, die Stadt auf Trikes zu erkunden. Die einstündigen Touren beginnen an der Plateia Evropis.

In Nordzypern kann man in Kyrenia über den Veranstalter **Örnek Holidays** Touren ins Hinterland und zur Vogelbeobachtung unternehmen.

## Fotografieren

Während des Urlaubs Erinnerungsfotos zu machen, ist auf ganz Zypern generell kein Problem. Einige Einschränkungen gilt es aber zu beachten.

In der Nähe der »Green Line« sollte man von Aufnahmen absehen. In und um Nikosia sprechen Schilder ein Verbot aus. Gegen Missachtung wird behördlich vorgegangen.

An Flughäfen, Fähranlegestellen und Regierungseinrichtungen ist Fotografieren untersagt. Auf beiden Seiten der Grenze ist dringend davon abzuraten, an militärischen Einrichtungen Flugzeuge oder Angehörige des Militärs zu fotografieren. Vor allem in Nordzypern kann dies große Schwierigkeiten nach sich ziehen.

In einigen Museen ist Fotografieren ohne Blitzlicht und Stativ erlaubt. Mit Fresken oder Ikonen ausgestattete Kirchen und Klöster gestatten keine Aufnahmen mit Blitzlicht.

## Rauchen

Im Süden wie im Norden ist Rauchen in Restaurants, Bars, Cafés und öffentlichen Verkehrsmitteln untersagt. Autofahrer dürfen hinter dem Steuer nicht rauchen. Überall auf Zypern gibt es ausgewiesene Raucherbereiche im Freien.

## Trinkgeld

In Süd- und Nordzypern werden in Restaurants üblicherweise zehn Prozent Servicegebühr auf den Rechnungsbetrag aufgeschlagen. Ist das nicht der Fall, wird ein Trinkgeld in vergleichbarer Höhe erwartet. Auch Taxifahrer und Hotelportiers werden mit einem kleinen Trinkgeld belohnt. Ein Euro ist dabei durchaus ausreichend.

In beiden Landesteilen ist Feilschen in den Läden nicht üblich. Bei größeren Einkäufen sind jedoch zuweilen Preisnachlässe möglich.

## Immobilienwerber & Trickverkäufer

In den großen Ferienorten, vor allem in Pafos und Limassol, werden Urlauber oft von Maklern bedrängt, die hartnäckig für eine Teilzeitnutzung von Immobilien werben. Wer tatsächlich Interesse daran hat, auf Zypern auf lange Sicht zum Beispiel ein Sommerhaus zu nutzen, sollte unbedingt darauf achten, einen sorgfältig ausgearbeiteten Vertrag zu erhalten, in dem alle Rechte und Pflichten verbindlich festgeschrieben sind. Gleiches gilt, wenn man einen Wohnungstausch vereinbaren möchte.

Kostenlos angebotene Sightseeing-Touren beinhalten meist nur eine Stippvisite in einem Vergnügungspark und enden in stundenlangen Veranstaltungen, in denen provisionshungrige Verkäufer auf Abschlüsse drängen. Bleiben Sie konsequent, wenn Sie nichts kaufen möchten. Sichern Sie sich, falls Sie etwas erwerben wollen, ein Rücktrittsrecht innerhalb eines festgelegten Zeitraums zu.

## Toiletten

Toilettenpapier wird auf Zypern nicht in der Toilette, sondern in Eimern entsorgt, um wegen der wassersparenden Spülungen und des schlecht ausgebauten Leitungssystems Verstopfungen zu vermeiden. Schilder in den Toilettenräumen weisen darauf hin. Bei Reisen über Land empfiehlt es sich, Papiertücher mitzunehmen.

## Shopping-Tipps

Die größte Auswahl an Läden findet man in Nikosia vor. In der Hauptstadt gibt es zwei große Einkaufsgegenden: In der Neustadt säumen die Leoforos Archiepiskopou Makariou tou Tritou Filialen von internationalen Ketten wie Zara (die Marke ist auch in Pafos, Larnaka und Limassol vertreten) und Mango (Filialen findet man auch in Larnaka und Limassol). Im Altstadtviertel Laïki Geitonia befinden sich viele Kunsthandwerksläden, in denen man unter anderem traditionelle Stickarbeiten und handgefertigte Backgammonspiele kaufen kann.

In Pafos befindet sich mit der **Kings Avenue Mall** die größte Shoppingmall Zyperns.

In Nordzypern kann man traditionelle Produkte wie bestickte Seide und handbemalte Kacheln, exzellenten Raki und preiswerte Freizeitmode erstehen.

## Restaurant-Tipps

Neben traditionellen Tavernen, die Gerichte griechischen oder türkischen Ursprungs servieren, findet man auf Zypern auch Restaurants mit französischer, italienischer, chinesischer, thailändischer, argentinischer, indischer, nahöstlicher, russischer und sogar japanischer Küche. Fisch zählt zu den teuersten Speisen – die größte Auswahl an frischem Seafood wird auf der Halbinsel Karpasia geboten.

Auf ganz Zypern sind an Ständen und in Bäckereien Pasteten, Sandwiches und andere Snacks erhältlich.

Auf Zypern gibt es wenige rein vegetarische Restaurants. Traditionelle *mezedes* wie Hummus, *tachini* und gegrillter *halloumi* stellen jedoch schmackhafte fleischfreie Mahlzeiten dar. Frisches Obst und Salate findet man auf Zypern reichlich.

In einem *mageireio*, dem traditionellen zyprischen Speiselokal im Süden, werden klassische Speisen – begleitet zum Beispiel von einer Karaffe Wein – zu vernünftigen Preisen angeboten. Diese Lokale sind in allen größeren Städten zu finden. In gehobenen Tavernen tragen die traditionellen Gerichte oft eine moderne Note. Einige Speiselokale bieten ausschließlich *mezedes* an.

Im Süden gibt es viele schicke Cafés, die griechische und internationale Kaffeevariationen sowie einige alkoholische Getränke servieren.

In Nordzypern werden *mezedes* in den *meyhane* genannten traditionellen Restaurants angeboten. *Lokantalar* sind informelle Speiselokale mit traditioneller Küche. In einem *pideci* kann man türkische Pizza kosten. In den größeren Städten werden an Ständen und in kleinen Imbisslokalen Kebabs und Snacks wie *börek* verkauft.

Da in den Restaurants meist zehn Prozent Steuer auf den Rechnungsbetrag aufgeschlagen werden, ist die Gabe von Trinkgeld optional.

Mit Ausnahme von einigen Gourmetrestaurants sind Kinder in allen Speiselokalen willkommen. Viele bieten Hochstühle und Kinderportionen.

## Getränke

Das zyprische Leitungswasser kann man bedenkenlos trinken, es ist (mit Ausnahme der Quellen im Troodos-Gebirge) aber wenig schmackhaft. Die vielerorts aus frisch geernteten Früchten zubereiteten Säfte sind eine gute Alternative.

Auf Zypern gibt es viele Weingüter (siehe S. 62f). Die Weinproduktion auf der Insel hat in jüngster Zeit einen Wiederaufschwung erfahren. Einige Hersteller wurden für die Qualität ihrer Weine und die Vielseitigkeit ihres Sortiments mit internationalen Preisen ausgezeichnet. Besucher sollten die aus heimischen Rebsorten hergestellten Weine kosten. Der traditionelle Dessertwein Commandaria wird in den Bergen in der Nähe von Limassol hergestellt.

In Nordzypern gibt es lediglich zwei Weingüter.

Die beliebtesten Spirituosen in Südzypern sind der mit Anissamen angereicherte ouzo und der inseltypische Tresterbrand zivania. Der auf Zypern beliebte Cocktail Brandy Sour wurde angeblich auch gerne von Faruq I. bei dessen Besuchen in Platres bestellt – das wie Eistee aussehende Getränk ermöglichte es dem muslimischen König, von seinem Gefolge unbemerkt Alkohol zu genießen.

Neben den von der zyprischen Brauerei KEO hergestellten Bieren und der Marke Leon sind in Südzypern auch internationale Marken erhältlich. Die Aphrodite's Rock Microbrewery (siehe S. 63) ist die einzige Mikrobrauerei auf der Insel.

In Nordzypern findet man neben dem aus der Türkei importierten Bier Efes einige Sorten vor, die von der zum Weingut Chateau St. Hilarion gehörenden Mikrobrauerei Lion Heart produziert werden.

## Hotel-Tipps

Die Klassifizierung der Hotels (ein bis fünf Sterne) wird in Südzypern von der Cyprus Tourism Organization, in Nordzypern vom Tourismusministerium vorgenommen. Hotels mit weniger als drei Sternen sollte man aufgrund der meist ungünstigen Lage und schlechten Ausstattung meiden.

In Südzypern werden Ferienwohnungen von der Cyprus Tourism Organization in die Kategorien A, B und C unterteilt. Die Anlagen bieten meist einen Pool. Die Apartments weisen üblicherweise ein bis drei Zimmer auf und sind mit kleinen Küchen ausgestattet. Luxusapartments bieten zusätzlich Waschmaschinen und Zimmerservice.

Ferienhäuser umfassen bis zu vier Zimmer sowie meist einen Pool, Parkplätze, Gärten oder Terrassen mit Grillbereichen, Waschmaschinen und voll ausgestattete Küchen. Oft sind Stereoanlagen und Satellitenfernsehen vorhanden.

Vor allem in den Dörfern rund um Limassol und Pafos bieten Unterkünfte in restaurierten traditionellen Häusern authentisches Flair. Die meisten verfügen über mit Antiquitäten eingerichtete Zimmer und moderne Küchen. Oft gehören ein Garten oder eine Terrasse zum Haus.

In der Hauptsaison von Mitte Juni bis Mitte September und in der Weihnachtszeit sind Hotels am teuersten. Preisgünstigere Übernachtungsmöglichkeiten findet man von Mitte November bis Mitte März. Viele Hotels an den Küsten schließen von Januar bis Anfang März. Pauschalreisen bilden die günstigste Reisemöglichkeit (siehe S. 118).

Hotelzimmer kann man über die Webseiten der Häuser oder **Buchungsportale** reservieren. Eine Buchung vorab ist unbedingt anzuraten. Viele Hotels haben feste Verträge mit Reiseunternehmen und sind rasch ausgebucht. Wer nach seiner Ankunft auf Zypern spontan ein Zimmer sucht, kann auf große Schwierigkeiten stoßen.

Trinkgeld wird in den Hotels auf Zypern nicht erwartet, ist aber gerne gesehen (siehe S. 123).

### Shopping

**Kings Avenue Mall**
Leoforos Tafon ton Vasileon 2, Pafos 8078
☎ +357 70 007777
🆆 kingsavenuemall.com

### Hotels

**Buchungsprotale**
🆆 booking.com
🆆 expedia.com
🆆 hotelscombined.com
🆆 hrs.de
🆆 opodo.de
🆆 trivago.de

# Hotels

---

**Preiskategorien**

Preis für ein Doppelzimmer pro Nacht (mit Frühstück, falls inklusive), Steuern und Service.

€ unter 100 €    €€ 100 – 300 €    €€€ über 300 €

---

## Luxushotels

### Alexander The Great Beach Hotel, Pafos

Karte A5 ▪ Poseidonos ▪ +357 26 965 000 ▪ www.kanikahotels.com ▪ 🦽 ▪ €€

Die Chalets im Garten sind besonders einladend. Zur Anlage gehören zwei riesige Indoor- und Outdoor-Pools, eine exzellente Bar und das hervorragende japanische Restaurant Kiku.

### Alion Beach Hotel, Agia Napa

Karte J4 ▪ Strand Kyro Nero ▪ +357 23 722 900 ▪ www.alion.com ▪ €€

Das nahe dem wunderschönen Strand gelegene Fünf-Sterne-Hotel bietet ein Spa, einen Pool und perfekten Service. Das Frühstück wird im Freien serviert. Die Einrichtung der geräumigen Zimmer ist minimalistischen Stils.

### Ayii Anargyri Natural Healing Spa Resort, Miliou

Karte B4 ▪ Miliou ▪ +357 26 814 003 ▪ www.aaspa resort.com ▪ 🦽 ▪ €€

In das Hotel, das an einer Mineralquelle liegt, sind die Relikte eines mittelalterlichen Klosters integriert. Das Spa des ganzjährig geöffneten Resorts wird von natürlichem Licht erhellt. Die Zimmer sind bezaubernd eingerichtet, das Restaurant im Weinkeller ist exquisit.

### Lokàl, Larnaka

Karte G5 ▪ Agiou Lazarou 98 ▪ +357 24 023 102 ▪ www.lokalcyprus.com ▪ 🦽 ▪ €€

Das Boutiquehotel bietet Zimmer in einem Herrenhaus im Belle-Époque-Stil und in einem modernen Anbau, gemütliche Gemeinschaftsräume und exzellentes Frühstück.

### Palm Beach Hotel & Bungalows, Larnaka

Karte H4 ▪ Dekelia ▪ +357 24 846 600 ▪ www.palm beachhotel.com ▪ 🦽 ▪ €€

Das am Strand gelegene Hotel bietet ausgedehnte Grünflächen, viele Parkplätze, Wassersportmöglichkeiten und ein Spa.

### Anassa, Neo Chorio

Karte A4 ▪ Alekou Michailidi 40 ▪ +357 26 888 000 ▪ www.anassa.com ▪ €€€

Das zur Thanos-Kette gehörende Hotel liegt in üppig grüner Landschaft oberhalb eines wunderschönen Strands. Dank der cleveren Bauweise herrscht stets eine ruhige Atmosphäre. Es gibt zwei Pools im Freien, Wassersportmöglichkeiten am Strand, ein Spa und luxuriöse Suiten.

### Annabelle, Pafos

Karte A5 ▪ Poseidonos 10 ▪ +357 26 885 000 ▪ www. annabelle.com.cy ▪ 🦽 ▪ €€€

Mit einer zwei Hektar großen Parklandschaft am Ufer und einem Pool mit schwimmender Bar richtet sich das Hotel an ein älteres Publikum, das längere Aufenthalte im Winter bevorzugt.

### Four Seasons Hotel, Limassol

Karte D6 ▪ Amathountos 67 – 69, Agios Tychonas ▪ +357 25 858 000 ▪ www. fourseasons.com.cy ▪ 🦽 ▪ €€€

Das Hotel bietet seinen Gästen Wassersportmöglichkeiten am Strand, exzellenten Service, bezaubernde Zimmer, hervorragende Restaurants und viele weitere Annehmlichkeiten.

### Grecian Park Hotel, Protaras

Karte J4 ▪ Konnos 81 ▪ +357 23 844 000 ▪ www.grecian park.com ▪ 🦽 ▪ €€€

Das Hotel liegt abgeschieden auf halber Strecke zwischen Protaras und Agia Napa, dennoch sind die beiden Ferienorte gut erreichbar. Die besten Suiten eröffnen wunderbaren Meerblick.

### Hilton Cyprus, Nikosia

Karte F3 ▪ Archiepiskopou Makariou 98 ▪ +357 22 377 777 ▪ www.hilton.com ▪ 🦽 ▪ €€€

Die Lage des eleganten Hotels ist hervorragend. Das Haus überzeugt mit einer guten Mischung aus Businesseinrichtungen und Entspannungsmöglichkeiten. Zur Ausstattung gehören ein Indoor- und ein Outdoor-Pool. Das Personal ist aufmerksam, die Zimmer sind äußerst gemütlich.

## All-inclusive- & Sporthotels

### Jubilee Hotel, Troodos

Karte C4 ▪ Podromos
▪ +357 25 420 107
▪ https://jubileehotel.com
▪ €
Das höchstgelegene Hotel Zyperns ist von Kiefernwäldern umgeben. Die Zimmer sind schlicht, aber gemütlich. In der Nähe liegen Skipisten sowie Rad- und Wanderwege. In den Schulferien bietet das Haus Aktivitäten für Kinder an.

### Aktea Beach Village, Agia Napa

Karte J4 ▪ Neophytou Poullou 10 ▪ + 357 23 845 000 ▪ www.akteabeach. com ▪ 🅱 ▪ €€
Die gehobene Ferienanlage in schöner Strandlage lockt mit Indoor- und Outdoor-Pools sowie einem gut ausgestatteten Fitnesscenter.

### Atlantica Miramare Beach, Limassol

Karte D6 ▪ Amerikanas 11, Potamos Germasogeias
▪ +357 25 888 100 ▪ www. atlanticahotels.com ▪ 🅱
▪ €€
Zur Anlage gehört ein hochmoderner Fitnessclub mit Spa, in dem ausgebildete Trainer zur Verfügung stehen. Im Freien befinden sich Tennisplätze, an kühleren Tagen lockt der von Glaswänden umrandete Pool.

### Louis Ledra Beach, Pafos

Karte A5 ▪ Poseidonos
▪ +357 26 964 848 ▪ www. louisledrabeach.com ▪ 🅱
▪ €€
Das an einem wunderschönen Strand gelegene Vier-Sterne-Hotel bietet komfortable Zimmer, Pools für Erwachsene und für Kinder, einen großen Spielplatz, drei Bars und ein Restaurant. Das Stadtzentrum von Pafos ist mit dem Auto in fünf Minuten zu erreichen.

## Kinderfreundliche Resorts

### Atlantica Aeneas Resort, Agia Napa

Karte J4 ▪ Nissi 100
▪ +357 23 724 000
▪ www.atlanticahotels. com ▪ 🅱 ▪ €€
Die Anlage befindet sich am beliebtesten Strand von Agia Napa. Neben einem riesigen Pool und einem Miniclub für Kinder finden Familien viele weitere Annehmlichkeiten vor.

### Avanti Holiday Village, Pafos

Karte A5 ▪ Poseidonos
▪ +357 26 965 555 ▪ www. avantihotel.com ▪ 🅱 ▪ €€
Auf der Anlage übernachten Familien in gut ausgestatteten Apartments. Für Kinder gibt es einen eigenen Club, einen Pool mit einem sanft dahinplätschernden Bach und einen Spielplatz. Erwachsenen stehen ein Fitnesscenter und eine Sauna zur Verfügung.

### The King Jason, Pafos

Karte A5 ▪ Pentadaktylou
▪ +357 269 477 50 ▪ www. thekingjasonpaphos.com
▪ 🅱 ▪ €€
Das Vier-Sterne-Resort bietet Unterkunft in Apartments, vier Pools im Freien und einen Indoor-Pool. Die Nutzung von Sauna und Fitnesscenter ist inklusive.

### Louis Althea Beach, Protaras

Karte J4 ▪ Ellinon 34
▪ +357 23 814 141
▪ www.louisaltheabeach. com ▪ 🅱 ▪ €€
Die 150 Apartments des an der Louma-Bucht gelegenen Resorts umgeben Landschaftsgärten. Die Anlage bietet drei Restaurants, einen Supermarkt, eine Bar, ein Wellness- und Fitnesscenter sowie ein vielfältiges Unterhaltungsangebot. Für Kinder gibt es einen eigenen Club, einen Spielplatz und einen Pool.

### Malama Beach Holiday Village, Paralimni

Karte J4 ▪ Poseidonos 13
▪ +357 23 822 000 ▪ www. malamaholidayvillage. com ▪ 🅱 ▪ €€
Alle 166 Suiten weisen Terrassen, voll ausgestattete Küchen und Satellitenfernsehen auf. Die Suiten mit zwei Schlafzimmern und zwei Bädern bieten bis zu sechs Personen Platz. Kinder können Tennis spielen, den auf einer Rasenfläche gelegenen Spielplatz nutzen und in einem Pool planschen. Der Malamino Kids Club veranstaltet Partys, Mini-Discos, Ausflüge und Strandspiele.

### Olympic Lagoon Resort, Agia Napa

Karte J4 ▪ +357 23 722 500 ▪ www.kanikahotels. com ▪ 🅱 ▪ €€
Das Resort bietet sieben Pools, fünf Restaurants und ein Spa. Für Kinder gibt es nach Altersstufen gestaffelte Clubs und ein Fußballzentrum. In dem Resort werden oft Hochzeitsfeste veranstaltet.

### Sentido Sandy Beach Hotel, Larnaka

Karte G5 ▪ +357 24 646 333▪ www.sandybeach hotel.com.cy ▪ €€

Das charmante Vier-Sterne-Hotel liegt nahe Larnaka am Strand Dekelia. Auf der Anlage befinden sich drei Restaurants, eine Lounge und eine Strandbar. Für Kinder gibt es zwei Pools, ein Spa und einen eigenen Club.

### Almyra, Pafos

Karte A5 ▪ Poseidonos 12 ▪ +357 26 888 700 ▪ www. almyra.com ▪ €€€

Das familienfreundliche Designhotel betreibt von Ostern bis Oktober und in der Weihnachtszeit einen Club für Kinder. Für kleine Besucher gibt es auch einen Pool mit Sonnendach. Während der Trainingssaison im Winter übernachten viele Triathleten in dem Hotel. Es gibt einen Fahrradverleih.

## Ferienwohnungen

### Eleonora, Larnaka

Karte G5 ▪ Ermou 55 ▪ +357 24 624 400 ▪ €

In zentraler Lage werden geräumige Apartments und Zweiraum-Suiten mit voll ausgestatteten Küchen und modernen Bädern angeboten.

### Stephanos Hotel Apartments, Polis Chrysochous

Karte A4 ▪ Arsinois 8 ▪ +357 26 322 411 ▪ www. stephanos-hotel.com ▪ 🦽 ▪ €

Die beiden Flügel des Gebäudes fassen einen großen Swimmingpool ein. Die Apartments sind gepflegt und bieten – vor allem im Küchenbereich, der einen Ofen beinhal-

tet – eine hervorragende Ausstattung. Einige haben Balkone. Das hauseigene Restaurant serviert gute traditionelle Speisen.

### Tavros Hotel Apartments, Polis Chrysochous

Karte A4 ▪ Elia Tavrou 181, Neo Chorio ▪ +357 26 322 421 ▪ www.tavroshotel. com ▪ €

Neo Chorio ist das Tor zur Halbinsel Akamas. Der aus sechs Ferienwohnungen und 24 Apartments mit je einem Schlafzimmer bestehende Komplex eignet sich hervorragend als Basis für Ausflüge. Die Küchen sind schlicht, die Bäder modern.

### Corallia Beach Hotel Apartments, Pafos

Karte A5 ▪ Coral Bay ▪ +357 26 622 121 ▪ www. coralliabeachhotel.com ▪ €€

Der Komplex aus Ferienwohnungen und Apartments mit je einem Schlafzimmer ist wunderschön gelegen. Es gibt ein Restaurant, eine Bar, ein Fitnesscenter und eine Sauna.

### Napa Mermaid Hotel & Suites, Agia Napa

Karte J4 ▪ Kryou Nerou 45 ▪ +357 23 721 606 ▪ www. napamermaidhotel.com ▪ €€

Die hübsch eingerichteten Juniorsuiten des Designhotels haben große Balkone, die Grand Suites zwei Schlafzimmer und einen Jacuzzi auf der Terrasse. Es gibt einen Pool, einen Tennisplatz, zwei Restaurants, ein Spa und viele kostenlose Aufmerksamkeiten. Das Personal ist zuvorkommend.

### Columbia Beach Resort, Pissouri

Karte C6 ▪ +357 25 833 000 ▪ www.columbia resort.com ▪ 🦽 ▪ €€€

Das an der Bucht von Pissouri gelegene Resort umfasst 169 Suiten, hervorragende Restaurants, ein fantastisches Spa und einen Club für Kinder. Da die Suiten keine Küchen haben, ist das Frühstücksbüfett inbegriffen.

## Ferienhäuser

### Bougainvillea Hotel Apartments, Polis Chrysochous

Karte A4 ▪ Verginas 13 ▪ +357 26 812 250 ▪ www. bougainvillea.com.cy ▪ €€

Zu der zwischen Polis Chrysochous und Neo Chorio gelegenen Anlage gehören zwei Ferienhäuser für sechs Personen mit eigenem Pool. Die Bucht von Chrysochou, die Tavernen in Latsi und die Halbinsel Akamas liegen nicht weit entfernt.

### Villa Chrysanthia, Neo Chorio

Karte A4 ▪ Neo Chorio 8852 ▪ +357 99 522 321 ▪ €€

Das dreistöckige Ferienhaus mit Klimaanlage, kleinem Pool und Parkplatz bietet bis zu acht Personen Platz. Latsi und der Strand Asprokremmos liegen in der Nähe.

### The Olympians Latchi Beach Villas, Polis Chorio

Karte A4 ▪ Evropi ▪ +357 99 773 647 ▪ www.the-olympians.com ▪ €€

Die Anlage umfasst zehn Ferienhäuser mit zwei bzw. drei Schlafzimmern, die sich an vier oder acht Übernachtungsgäste richten. Die zweistöckigen, gut ausgestatteten Häuser umgeben Palmen und blühender Oleander. Sie bieten WLAN-Zugang, je einen Pool und herrlichen Meerblick.

### Elysium, Pafos
Karte A5 ■ Vassilis Verenikis ■ +357 26 844 444 ■ www.elysium-hotel.com ■ 🚫 ■ €€€
Zu jedem der zwölf luxuriösen Ferienhäuser gehören ein landschaftlich gestalteter Garten und ein eigener Pool.

## Unterkünfte auf dem Land

### Cyprus Villages, Tochni
Karte E5 ■ +357 24 332 998 ■ www.cyprus villages.com.cy ■ €
In den Dörfern Tochni und Kalavasos wohnen Gäste in restaurierten historischen Häusern. In Tochni stehen auch moderne Apartments zur Verfügung, die sich aufgrund der Zentralheizung gut für den Winter eignen. Mietwagenservice von den Flughäfen Pafos und Larnaka ist inklusive. Man kann ausreiten und Mountainbikes leihen.

### Lasa Heights, Pafos
Karte B4 ■ Archiepiskopou Makariou 91 ■ +357 26 732 777 ■ www.lasa heights.com ■ 🚫 ■ €
Ein Teil des Gebäudes diente bis ins 19. Jahrhundert als *kafeneio* des Dorfs. Die Inhaber des ruhigen Gästehauses mit neun Zimmern sind sehr zuvorkommend. Der Ausblick auf Pafos und Polis Chrysochous ist fantastisch. Im modernen Anbau stehen weitere, im

zeitgenössischen Stil eingerichtete Zimmer zur Verfügung.

### Agrovino, Lofou
Karte C5 ■ Tsintouri ■ +357 25 470 202 ■ www. agrovinolofou.com ■ €
Die restaurierten kleinen Landhäuser stehen Gästen das ganze Jahr über offen. Die Einrichtung verbindet traditionelle und moderne Elemente. Das im Preis inbegriffene Frühstück wird in einem Restaurant serviert. Es gibt WLAN-Zugang.

### Paradisos Hills, Lysos
Karte B4 ■ Evagora Palikaridi 11 ■ +357 26 322 287 ■ www.paradisoshills.com ■ €
Das aus Stein erbaute, auf einem Hügel gelegene Hotel bietet herrliche Aussicht, hervorragende Verköstigung und exzellente Ausstattung. Es wird gern für Hochzeitsfeiern gebucht.

### Rodon Mount Hotel & Resort, Agros
Karte D4 ■ Rodou 1 ■ +357 25 521 201 ■ www. rodonhotel.com ■ 🚫 ■ €
Das in dem reizenden Dorf Agros auf einem Hügel gelegene Hotel beeindruckt mit eleganten Lounge-Bereichen, herrlicher Aussicht und prächtigen Zimmern. Das hauseigene Restaurant bietet hervorragende traditionelle Küche.

### To Spitikou tou Archonta, Treis Elies
Karte C4 ■ +357 99 527 117 ■ €
Die oberhalb des Dorfs gelegene bezaubernde Anlage umfasst voll ausgestattete Apartments

mit einem oder zwei Schlafzimmern. Gäste können im schattigen Garten entspannen. Auf Wunsch werden traditionelle Mahlzeiten serviert.

### Vasilopoulos House, Tochni
Karte E5 ■ Constantinou & Elenis 45b ■ +357 24 332 531 ■ €
In einem der ältesten Häuser des Dorfs stehen Gästen drei Apartments mit Küche und je einem Schlafzimmer zur Verfügung, die auf einen schattigen Hof blicken.

### Casale Panayiotis, Kalopanagiotis
Karte C4 ■ Markou Drakou 80 ■ +357 22 952 444 ■ www.casalepanayiotis. com ■ €€
Die Ferienwohnungen verteilen sich auf mehrere Häuser in dem Dorf, das im Troodos-Gebirge liegt. Die meisten bieten offene Kamine oder Holzöfen. Dem Komplex sind mehrere Restaurants, ein Frühstückssalon sowie ein Spa und ein Fitnesscenter angeschlossen. Zudem ist ein Pool vorhanden. Der WLAN-Empfang ist auf der ganzen Anlage gut.

### Kontoyannis House, Kalavasos
Karte E5 ■ Makarios 103 ■ + 357 25 584 131 ■ www. kontoyiannis.com ■ €€
Die Anlage umfasst drei Ferienwohnungen in einem geschmackvoll umgestalteten, traditionellen Wohngebäude mit hübschem Innenhof, ein Ferienhaus mit fünf Schlafzimmern und ein kleines Wellnesscenter. Der WLAN-Empfang ist überall gut.

Preiskategorien siehe S. 126

### The Library Hotel & Wellness Resort, Kalavasos

Karte E5 ■ +357 24 817 071 ■ www.libraryhotel cyprus.com ■ €€

Die Bibliothek des Hotels in einer ehemaligen Karawanserei (19. Jh.) bietet Bücher in fünf Sprachen. Frühstück wird im Innenhof, Abendessen im Restaurant Mitos serviert. Die Zimmer sind mit Jacuzzis und Fußbodenheizung ausgestattet.

### Linos Inn, Kakopetria

Karte D4 ■ Palea Kakopetria 34 ■ +357 22 923 161 ■ www.linosinn.com ■ €€

Die Anlage besteht aus 34 miteinander verbundenen Häusern aus dem 19. Jahrhundert. Einige Ferienwohnungen bieten Flussblick, Jacuzzi, Terrasse und offenen Kamin.

### Hotel Stratos House, Kalavasos

Karte E5 ■ Apriliou 1 ■ +357 24 332 293 ■ €€

Die beiden Ferienwohnungen in dem nahe dem Hauptplatz des Dorfs gelegenen Haus blicken auf einen von Bogengängen gesäumten Hof. Die Wohnungen haben Küchen und eigene Bäder. Das sorgfältig renovierte Haus hat traditionelles Flair.

## Ferienanlagen in Nordzypern

### Almond Holiday Village & Hotel, Kyrenia

Karte F2 ■ Bademli Sokak, Alsancak (Karavas) ■ +90 392 82 12 887 ■ www. almond-holidays.com ■ €€

Die von Wäldern und Gärten mit exotischen Blumen umgebene An-

lage bietet Unterkunft in Bungalows, Ferienwohnungen und Doppelzimmern. Gäste finden einen schönen Pool, eine Terrasse zum Sonnen, eine Lounge-Bar und ein Restaurant vor. Der Service ist freundlich.

### Denizkızı Hotel, Kyrenia

Karte F2 ■ Dumlupınar Sokak Alsancak (Karavas) ■ +90 392 821 26 76 ■ www.denizkizi.com ■ €€

Die Suiten in der von Bäumen gesäumten Anlage bieten Jacuzzis und herrlichen Blick aufs Meer. Es gibt mehrere Bars und Restaurants, einen großen Pool, ein Fitnesscenter und Wassersportmöglichkeiten an der sandigen Bucht.

### Merit Crystal Cove Hotel, Kyrenia

Karte F2 ■ Alsancak Mevkii ■ +90 392 650 02 00 ■ www.merithotels.com ■ 🔥 ■ €€

Die etwa 15 Kilometer westlich von Kyrenia hoch über dem Meer gelegene Anlage mit Landschaftsgärten, zwei Pools, einem Privatstrand und eigenem Casino besitzt das Flair eines VIP-Resorts.

### Oscar Resort Hotel, Kyrenia

Karte F2 ■ Hasan Esat Isik 16 ■ +90 392 650 02 00 ■ www.oscar-resort. com ■ €€

Gäste finden in geräumigen Zimmern und Suiten Unterkunft. Es gibt ein Spa, einen Mietwagenservice und gute Verköstigung. Der nahe gelegene Strand Karakum ist zum Schwimmen kaum geeignet, auf der Anlage selbst gibt es drei Pools.

### Pia Bella, Kyrenia

Karte F2 ■ Iskenderun Caddesi 14 ■ +90 392 650 50 00 ■ www.piabella.com ■ €€

Einer der beiden Pools in dem nahe dem Hafen in üppigen Landschaftsgärten gelegenen Komplex ist 25 Meter lang. Als Unterkünfte sind die Doppelsuiten im rückseitigen Flügel besonders empfehlenswert.

### Salamis Bay Conti, Famagusta

Karte J3 ■ Mersin 10 ■ +90 392 378 82 00 ■ www.salamisbayconti. com ■ 🔥 ■ €€

Die meisten Zimmer bieten Meerblick. Hinter dem riesigen Hotel liegt ein schöner Strand. Gästen stehen ein Spa und ein Fitnesscenter zur Verfügung. Ein Aufenthalt in der Nebensaison ist nicht zu empfehlen.

### Yazade House, Kyrenia

Karte F2 ■ Yazıcızade Sokak ■ 0392 815 57 69 ■ €€

Der aus zwei Apartments für zwei bzw. vier Personen und einer Ferienwohnung bestehende bezaubernde Komplex wird von einem befreundeten Ehepaar geführt. Im Hof gibt es einen Pool. Die Mindestaufenthaltsdauer beträgt eine Woche.

## Hotels in Nordzypern

### Betül Guesthouse, Famagusta

Karte J4 ■ Kuruçeşme Sokak 12 ■ +90 392 366 33 00 ■ €€

Das familienfreundliche Gästehaus im mittelalterlichen Famagusta bietet fünf schlichte, aber elegante Zimmer mit Bad und gutes Frühstück. Auf Wunsch werden weitere Mahlzeiten serviert.

### Manolya Hotel, Lapta
Karte E2 ■ Fevzi Çakmak Caddesi 48 ■ +90 392 821 84 98 ■ www.manolya hotel.com ■ 🌐 ■ €
Das Hotel liegt rund zehn Kilometer von Kyrenia entfernt. Viele der gepflegten Zimmer blicken auf die im Stil einer Lagune gestalteten Pool. Auf der Anlage befinden sich mehrere Restaurants und eine Tauchschule.

### Nitovikla Eco-Agro Home, Karpasia
Karte K2 ■ Kumyalı (Koma tou Gialou) ■ +90 392 375 59 80 ■ €
Die zehn Gästezimmer sind mit Mobiliar ländlichen Stils und farbenfrohen Textilien traditionell eingerichtet. Vor dem Haus liegt ein hübscher Garten. Es gibt einen Fahrradverleih und ein hervorragendes Restaurant.

### Villa Lembos, Karpasia
Karte L1 ■ Ayfilon Caddesi, Rizokarpaso (Dipkarpaz) ■ +90 392 372 20 28 ■ www.villalembos.com ■ €
In der wunderschön gelegenen Frühstückspension gehören das Muhen von Kühen, das Quaken von Fröschen und das Geräusch des Pflugs in den Feldern zum authentischen ländlichen Ambiente. Die elf Ferienhäuser sind mit Kühlschränken und modernen Bädern ausgestattet, haben aber keine Küchen. Der Anlage ist ein Restaurant ange-

schlossen, das Frühstück serviert. In der Hauptsaison wird auch Abendessen angeboten, darunter exzellente Lammgerichte.

### Balcı Plaza, Karpasia
Karte K1 ■ Gialousa (Yenierenköy) ■ +90 533 824 00 44 ■ www.balci plaza.com ■ €€
Die höher gelegenen Zimmer des kleinen Hotels mit eigenem Garten bieten Blick aufs Meer. Das hervorragende Preis-Leistungs-Verhältnis, der freundliche Service und das gute Restaurant empfehlen das Haus als Basis für Ausflüge auf der Halbinsel.

### Bellapais Gardens, Bellapais
Karte F3 ■ +90 392 815 60 66 ■ www.bellapais gardens.com ■ €€
Von dem nahe der Abtei Bellapais gelegenen, charmanten kleinen Hotel eröffnet sich eine wunderschöne Aussicht. Im Garten spenden Zypressen und Palmen Schatten, der Pool wird von einer Quelle gespeist. Das Haus bietet exzellente zyprisch-europäische Fusionsküche. Hoch über dem Meeresspiegel gelegen, ist es im Sommer eine kühle Oase.

### Golden Tulip, Nord-Nikosia
Karte F3 ■ Dereboyu Caddesi ■ +90 392 610 50 50 ■ www.goldentulip nicosia.com ■ €€
Das im Stil eines Businesshotels gestaltete Haus bietet modern eingerichtete Zimmer. Die exzellente Ausstattung beinhaltet ein Spa und ein Jacuzzi. Die Dereboyu Caddesi säumen zahlrei-

che Läden, Restaurants, Bars und Cafés.

### The Hideaway Club, Kyrenia
Karte F2 ■ Edremit ■ +90 542 855 07 71 ■ www. hideawayclub.com ■ €€
Das Restaurant und die Bar am Pool sind bei Gästen äußerst beliebt. Die Zimmer sind mit gusseisernen Bettgestellen und kleinen Teppichen ausgestattet. Bademäntel und Hängematten werden kostenlos zur Verfügung gestellt. Der Service ist aufmerksam und freundlich.

### Kyrenia Palace Boutique Hotel, Kyrenia
Karte F2 ■ Cafer Pasa Sokak 3 ■ +90 392 815 60 08 ■ www.kyreniapalace hotel.com ■ €€
Das Hotel empfiehlt sich für Aufenthalte in der Nebensaison. Die mit Antiquitäten ausgestatteten elf Zimmer haben Balkone. Es gibt ein Restaurant und ein kleines Spa. Frühstück wird im Hof serviert.

### Onar Village, Kyrenia
Karte F2 ■ +90 392 815 58 50 ■ www.onarvillage.com ■ €€
Die 20 Ferienhäuser und 44 Zimmer der an einem Hang gelegenen Anlage bieten herrliche Aussicht. Mit Warmwasserbereitern und voll ausgestatteten Küchen eignen sich die nahe dem Pool gelegenen Häuser perfekt für längere Aufenthalte im Winter. Im Hotelgebäude befinden sich ein Hamam, Massageräume, eine Sauna und ein Pool. Es werden Mietwagen und ein Shuttleservice angeboten.

Preiskategorien siehe S. 126

# Textregister